大東地志

대동지지 6

황 해 도

초판 1쇄 인쇄 2023년 7월 17일
초판 1쇄 발행 2023년 7월 27일

지 은 이   이상태 고혜령 김용곤 이영춘 김현영 박한남 고성훈 류주희
발 행 인   한정희
발 행 처   경인문화사
편   집   김윤진 김지선 유지혜 한주연 이다빈
마 케 팅   전병관 하재일 유인순
출판번호   제406-1973-000003호
주   소   경기도 파주시 회동길 445-1 경인빌딩 B동 4층
전   화   031-955-9300   팩   스   031-955-9310
홈페이지   www.kyunginp.co.kr
이 메 일   kyungin@kyunginp.co.kr

ISBN 978-89-499-6736-3 94980
      978-89-499-6740-0 (세트)
값 18,000원

大 東 地 志
대동지지

황해도

이상태 · 고혜령 · 김용곤 · 이영춘
김현영 · 박한남 · 고성훈 · 류주희

경인문화사

황해도

〈해서(海西)라 부른다〉

본래 마한(馬韓)의 땅이다.〈협계(俠溪)·신은(新恩)·우봉(牛峰)은 본래 백제 땅이고, 저탄(猪灘)을 경계로 하여 그 서북쪽은 낙랑(樂浪)의 소관이다〉 백제 아신왕(阿莘王) 때 황해도와 임진(臨津) 이북이 고구려에게 빼앗겼다. 신라 문무왕(文武王) 8년(668)에 당(唐)나라가 고구려를 멸하자 본도는 안동도호부(安東都護府)의 영토가 되었다. 유인원(劉仁願)이 신라에 사신을 보내어 대곡(大谷)〈평산(平山)이다〉·한성(漢城)〈재령(載寧)이다〉 등 2군(郡) 12현(縣)을 복귀시킨다고 알려왔으므로 왕이 사절을 보내 치하하였다. 성덕왕(聖德王) 34년〈당(唐) 현종(玄宗) 개원(開元) 23년(735)〉에 당나라에서 칙령으로 패강(浿江)이남의 땅을 신라에 내려주었다. 경덕왕(景德王) 7년(748)에 비로소 대곡성(大谷城)등 14군현을 설치하였다.〈즉 2군과 12현이니 평산·협계·재령·황주(黃州)·서흥(瑞興)·곡산(谷山)·봉산(鳳山)·수안(燧安)·중화(中和)·송현(松峴)·상원(祥原)·신은·우봉·강음(江陰)이다〉 경덕왕 16년(757)에 본도의 군현 이름을 고쳐서 한주도독부(漢州都督府)에 예속시켰다. 효공왕(孝恭王)때 태봉에게 빼앗겼다가 경명왕(景明王)때 고려에 귀속되었다. 고려 성종 14년(995)때 황주·해주 등의 주현(州縣)이 관내도(關內道)에 예속되었다. 고려 현종(顯宗)때 나뉘어서 서해도(西海道)가 되고, 원종 10년(1269)에 황주 등의 군현〈황주·안악(安岳)·수안·각산(各山)·은율(殷栗)·봉산(鳳山)·철화(鐵和)·장명(長命)·토산(土山)〉이 몽고에 함락 당하여서 자비령(慈悲嶺)〈서흥이다〉으로 경계를 삼았다. 충렬왕 4년(1278)에 원나라가 돌아가자 고려는 후에 황주·안악·철화·장명을 서북면(西北面)에 예속시켰다. 우왕(禑王) 14년(1388)에 본도에 되돌렸고 공양왕(恭讓王) 3년(1391)에 평산·곡산·수안·재령·서흥·신은·협계를 경기우도(京畿右道)로 하였다. 조선 태조 3년(1394)에 황해도에 되돌리고 태조 4년(1395)에 풍해도(豐海道)로 고쳤다. 태종 13년(1413) 경기도로부터 연안·배천[백천(白川)]·강음·우봉을 본도로 이속(移屬)시키고 태종 17년(1417)에 황해도로 고쳤다. 광해군 10년(1618)에는 황연도(黃延道)로 고치고 인조(仁祖) 원년(1623)에 복구하였다. 모두 23읍이다.

순영(巡營)〈해주목(海州牧)에 있다〉

병영(兵營)〈황주목(黃州牧)에 있다〉

수영(水營)〈옹진부(甕津府)에 있다〉

토포영(討捕營)〈좌영(左營)은 풍천(豊川), 우영(右營)은 곡산, 중영(中營)은 안악, 후영(後營)은 평산, 전영(前營)은 봉산에 있다〉

해주진(海州鎮)〈연안(延安)·풍천·배천·금천(金川)·장연(長淵)·송화·은율·강령(康翎)·옹진(甕津)·강음을 관할한다. ○옹진은 지금은 독진(獨鎮)이 되었고, 강음은 지금의 금천이다〉

옹진진(甕津鎮) {원전에 내용 없음}

백령진(白翎鎮)〈용매량(龍媒梁)·등산곶(登山串)·오차포(吾叉浦)·허사포(許沙浦)·조니포(助泥浦)·초도(椒島)를 관할한다. ○초도는 지금은 독진(獨鎮)이 되었다〉

초도진(椒島鎮) {원전에 내용 없음}

황주진(黃州鎮)〈평산·서흥·곡산·봉산·안악·재령·수안·신천(信川)·신계·문화·토산·장연·우봉을 관할한다. ○문성(文城)·선적(善積)·동리(東里)·산산(蒜山)·문산(文山)·위라(位羅)·소기(所己)가 있다. ○우봉은 지금의 금천이다〉

제1권

황해도
10읍

1. 해주목(海州牧)

『연혁』(沿革)

본래 고구려의 내미홀(內美忽)이다.〈일명 지성(池城) 또는 장지(長池)라고 한다〉신라 경덕왕 16년(757)에 폭지군(瀑池郡)이라 고치고〈영현(領縣/통일신라시기에 군(郡)아래의 행정단위인 현(縣)을 말한다/역자주)은 4곳이니 옹천(甕遷)·영강(永康)·장연(長淵)·곡도(鵠島)이다〉한주(漢州)에 예속시켰다. 고려 태조가 신라와 백제를 통합한 후에 용수산(龍首山)의 남쪽으로 읍을 옮기고 해주라고 고쳤다.〈이어서 옛 땅에 신평현(新平縣)을 두었다가 현종 9년(1018)에 혁파하여 본주에 속하게 하였다. ○옛 터는 수양폭포(首陽瀑布)의 아래, 곡천의 위에 있는데 읍 이름을 지성폭포(池城瀑布)라 부른 것은 이 때문이다. 읍을 옮긴 후에 남쪽으로 대해(大海)에 임하여 있어서 해주라 한 것이다〉성종 2년(983)에 목(牧)을 두었다.〈12목 중의 하나이다〉성종 14년(995)에 우신책군절도사(右神策軍節度使)〈12절도의 하나이다. 양주(楊州)와 더불어 좌우에 2보(輔)로 하였다〉를 두어서 관내도(關內道)에 예속시켰다. 현종 3년(1012)에 안서도호부(安西都護府)〈영현(領縣)은 3곳으로 염주(鹽州)·백주(白州)·안주(安州)이다〉로 승격시켜 서해도에 예속시켰다. 예종 17년(1122)에 대도호부로 승격되고 고종 34년(1247)에 해주목으로 고치고 충선왕 2년(1310)에 지주사(知州事)로 올렸다가〈여러 목(牧)을 없앴다〉공민왕 5년(1356)에 다시 목(牧)이 되었다. 공민왕 22년(1373) 강등하여서 지군사(知郡事)가 되었고〈본주에 왜구(倭寇)가 들어와 목사(牧使)를 살해하였는데 향리로서 목사를 구하지 못한 자를 죽이고 군(郡)으로 강등하였다〉후에 다시 올려서 목(牧)이 되었다. 조선 태종 17년(1417)에 평산부 서쪽 지경(地境)을 나누어서 속하게 하였다. 세조때 진(鎭)을 설치하였다.〈9읍을 관할한다〉광해군 8년(1616)에 현으로 내렸고〈읍에 큰 옥사(獄事)가 있었다〉인조 원년(1623)에 다시 올렸다.

「읍호」(邑號)

대령(大寧)·서해(西海)〈모두 고려 성종 때 정하였다〉

「관원」(官員)

목사(牧使)〈숙종 원년(1675)에 관찰사로서 겸하게 하였다. 영조 31년(1766)에 다시 설치하고 영조 33년(1768)에 다시 겸하게 하였다〉

판관(判官)〈관찰사가 목사를 겸하면서 설치하였다. ○해주진(海州鎭) 병마절제도위(兵馬

節制都尉)와 수양산성(首陽山城) 수성장(守城將)을 겸하였다〉 각 1원(員)이다.

『방면』(坊面)

내동변방(內東邊坊)〈읍내로부터 시작하여 10리에 있다〉

외동변방(外東邊坊)〈읍치로부터 10리에서 시작하여 30리에 끝난다〉

서대공리(西大公里)〈읍치로부터 30리에서 시작하여 50리에서 끝난다〉

동대공리(東大公里)〈읍치로부터 40리에서 시작하여 10리에서 끝난다〉

소문방(蘇文坊)〈읍치로부터 50리에서 시작하여 70리에서 끝난다〉

천결방(泉潔坊)〈읍치로부터 30리에서 시작하여 50리에서 끝난다〉

일신방(日新坊)〈읍치로부터 40리에서 시작하여 50리에서 끝난다〉

내성방(來城坊)〈읍치로부터 30리에서 시작하여 40리에서 끝난다〉

동강방(東江坊)〈읍치로부터 50리에서 시작하여 70리에서 끝난다〉

추이동(秋伊洞)〈읍치로부터 50리에서 시작하여 70리에서 끝난다〉〈위의 10면(面)은 모두 주(州)의 동쪽에 있다〉

서변방(西邊坊)〈읍내에서 시작하여 20리에서 끝난다〉

가좌동(茄佐洞坊)〈읍치로부터 30리에서 시작하여 50리에서 끝난다〉

아질달방(阿叱達坊)〈읍치로부터 50리에서 시작하여 70리에서 끝난다〉

마산방(馬山坊)〈읍치로부터 50리에서 시작하여 90리에서 끝난다〉

가천방(茄川坊)〈읍치로부터 80리에서 시작하여 100리에서 끝난다〉

교정방(交井坊)〈읍치로부터 90리에서 시작하여 150리에서 끝난다〉

대진방(代陳坊)〈읍치로부터 70리에서 시작하여 100리에서 끝난다〉

삼곡방(三谷坊)〈읍치로부터 50리에서 시작하여 80리에서 끝난다〉

【어걸방(於乞坊)】〔원전에 내용 없음〕

고장박방(高壯朴坊)〈읍치로부터 50리에서 시작하여 60리에서 끝난다〉

월량곡방(月良谷坊)〈읍치로부터 30리에서 시작하여 50리에서 끝난다〉〈위의 10면은 모두 주의 서쪽에 있다〉

고촌방(古村坊)〈읍치로부터 동북쪽 30리에서 시작하여 50리에서 끝난다〉

송림방(松林坊)〈읍치로부터 물에서는 40리, 땅에서는 50리에서 시작하여 80리에서 끝난다〉

상평방(上平坊)〈읍치로부터 70리에서 시작하여 100리에서 끝난다〉

하평방(下平坊)〈읍치로부터 60리에서 시작하여 80리에서 끝난다〉〈위의 3면은 모두 주의 동남쪽에 있다〉

청산방(青山坊)〈읍치로부터 50리에서 시작하여 50리에서 끝난다〉

백운방(白雲坊)〈읍치로부터 60리에서 시작하여 100리에서 끝난다〉

검단방(黔丹坊)〈위와 같다〉

율기방(栗枝坊)〈읍치로부터 50리에서 시작하여 90리에서 끝난다〉

미륵방(彌勒坊)〈읍치로부터 40리에서 시작하여 70리에서 끝난다〉

고산방(高山坊)〈읍치로부터 40리에서 시작하여 70리에서 끝난다〉

취거방(取車坊)〈읍치로부터 60리에서 시작하여 90리에서 끝난다〉〈위의 7면은 주의 서북쪽에 있다〉

해남방(海南坊)〈읍치로부터 남쪽 수로로는 30리, 육로로는 40리에서 시작하여 50리에서 끝난다〉

수미방(須彌坊)〈읍치로부터 15리에서 시작하여 20리에서 끝난다〉

군량곡방(軍糧谷坊)〈읍치로부터 40리에서 시작하여 60리에서 끝난다〉

송라동방(松羅洞坊)〈읍치로부터 30리에서 시작하여 40리에서 끝난다〉

석동(席洞)〈읍치로부터 20리에서 시작하여 40리에서 끝난다〉〈위의 4면은 주의 북쪽이다〉

【피금방(披錦坊)〈마산처(馬山處) 백석처(白石處)는 읍치로부터 서북쪽 60리에 있다. 청산소(青山所)는 서북쪽 90리에 있고 장봉소(長峰所)는 동쪽 60리에 있다. 황금소(黃庵所)는 서쪽 45리에 있다〉】

『산수』(山水)

용수산(龍首山)〈읍치로부터 북쪽 2리에 있다〉

남산(南山)〈읍치로부터 남쪽 2리에 있다. 고려 문종 7년(1053)에 임금이 안서부(安西府) 남산(南山)에 올라 여러 왕들과 재추(宰樞)와 근시(近侍)하는 신하들과 술을 마시며 밤이 되어서야 파하였다〉

수양산(首陽山)〈읍치로부터 동북쪽 15리에 있다. 산마루에는 대(臺)가 있는데 그 안에는 계곡과 바위가 많아서 경치가 황해도 천체에서 가장 멋지다. 산의 남쪽으로 5리쯤에 본읍의 옛

터가 있는데 후세 사람들이 이를 고죽군(孤竹郡)의 옛터라 하였다. 생각건대 요(遼)의 경계에 해주와 수양산이 있고 또 직예(直隸) 영평부(永平府)는 옛날 고죽국이었으며 청절사(淸節祠)가 있어서 백이(伯夷)와 숙제(叔齊)를 제사지냈다 하였다. 이것은 모두 후세 사람이 수양과 고죽, 해주 등의 이름을 취하여 끌어다가 맞춘 설이라 하겠다〉

우이산(牛耳山)〈읍치로부터 북쪽 10리에 있는데 석봉(石峯)이 우뚝 서 있고 맑고 수려하다〉

불족산(佛足山)〈읍치로부터 북쪽 35리에 있다〉

수미산(須彌山)〈읍치로부터 북쪽 20리에 있는데 중간에 광조사(廣照寺)의 옛터가 있다〉

북숭산(北嵩山)〈읍치로부터 서북쪽 30리에 있다. 고려 현종 17년(1026)에 임금이 신광사(新光寺)에 행차하였다. 문종 7년(1053)에 임금이 장차 서경(西京)으로 행차하려는데 안서도호부에서 3일을 머물고 난 후 북숭산·신광사에서 제(齊)를 설치하였다. 원(元)나라 지정(至正) 2년(1342)에 순제(順帝)가 원찰(願刹)이라 칭탁하여 태감(太監) 송골아(宋骨兒)를 보내어서 중국인 공장(工匠)을 거느리고 고려 시중 김석견(金石堅)과 더불어 건축하는 것을 감독하게 하였다. 그 건축이 매우 장려하여 지금도 옛날과 같다. ○위의 5산은 모두 뿌리가 연이어 얽혀있어서 하나의 산이면서 이름만 다를 뿐이다. 길게 이어지고 매우 넓으며 바위의 기세는 하늘을 뚫는 듯하여 바라보면 마치 부용(芙蓉: 연꽃의 뜻, 아름다움을 의미함/역자주)을 보는 듯하다. 그 안에는 계곡과 빼어난 바위가 많이 있다〉

선녀산(善女山)〈읍치로부터 서쪽 4리에 있다〉

자단산(紫丹山)〈읍치로부터 서쪽 90리에 있는데 거대한 반석이 높고 크다. 서쪽 가지는 은동산(恩洞山)이라 한다〉

공수산(公須山)〈읍치로부터 동쪽 60리에 있다〉

달마산(達摩山)〈읍치로부터 서북쪽 90리에 있는데 송화(松禾)와의 경계이다〉

취라산(吹螺山)〈읍치로부터 동북쪽 65리에 있는데 대왕암(大王庵)이 있다〉

창금산(唱金山)〈읍치로부터 동북쪽 50리에 있다〉

미록산(麋鹿山)〈읍치로부터 동북쪽 40리에 있다. 위의 3산은 굽이굽이 이어지고 뿌리가 엉키어 있으며 그 북쪽은 재령과의 경계이다〉

【봉산(封山: 국가에 필요한 목재를 기르기 위하여 벌채를 금하고 나무를 가꾸는 산/역자주)이 7곳이다】

수다산(水多山)〈읍치로부터 서쪽 50리에 있으며 봉우리가 빼어나고 수려하다〉

장봉산(長峯山)〈읍치로부터 동쪽 50리에 있다〉

독산(禿山)〈읍치로부터 동쪽 35리에 있다〉

청태산(靑苔山)〈읍치로부터 동쪽 30리에 있다〉

미륵산(彌勒山)〈읍치로부터 서북쪽 55리에 있다〉

문산(文山)〈읍치로부터 서북쪽 50리에 있다〉

백운산(白雲山)〈읍치로부터 서북쪽 90리에 있다〉

우다굴(亏多窟)〈읍치로부터 동쪽 30리에 있는데 지름이 2장(丈)이 넘고 굴은 어둡다. 사람이 불을 가지고 들어가서 5리쯤 가면 굴이 굴곡이 심하며 더욱 깊어지고 또 물이 있어서 끝까지 갈 수가 없다〉

「**영로**」(嶺路)

우현(牛峴)〈읍치로부터 서남쪽 5리에 있으며 강령(康翎)으로 통한다〉

학현(鶴峴)〈읍치로부터 서북쪽 90리에 있으며 송화·풍천·은율로 통한다〉

학현(鶴峴)〈읍치로부터 동북쪽 15리에 있으며 재령(載寧)과 봉산(鳳山)으로 통한다〉

장등현(長登峴)〈읍치로부터 서쪽 60리에 있으며 장현(長峴: 대동지도에는 장연(長淵)으로 되어 있음/역자주)으로 통한다〉

사현(蛇峴: 대동지도에는 사현(巳峴)으로 되어 있음/역자주)〈읍치로부터 서북쪽 50리에 있으며 학현까지 45리이다〉

율현(栗峴)〈읍치로부터 서남쪽 90리에 있으며 옹진으로 통한다〉

석우현(石隅峴)〈읍치로부터 북쪽 50리에 있으며 신천(信川)으로 가는 간로(間路: 샛길/역자주)이다〉

수유현(水踰峴)〈읍치로부터 서북쪽 80리에 있으며 송화와의 경계이다〉

○『바다』〈읍치로부터 동남쪽 10리에 있다〉

서별강(西別江)〈읍치로부터 서북쪽 90리에 있으며 그 북쪽 연안 즉 장연(長淵)·태탄(苔灘)에서 수원(水源)이 나와서 수유현 서쪽 흘러 검단천, 백운천, 청산천, 죽천, 대진천을 지나 바다로 들어간다. 위의 여러 강은 그 위아래 있는 토지를 비옥하고 풍요롭게 하여 경치가 아름답고 산물이 많이 난다〉

삼탄(三灘)〈읍치로부터 동쪽 63리에 있다. 청단역 동쪽에 나루가 있어서 배로 건너면 연안대로로 통한다. 물의 근원은 평산의 운봉산·목단산의 여러 산에서 나와서 서남쪽으로 흘러 탁영대(濯纓臺)를 거쳐 석탄(石灘)을 만들고 침현(砧峴)의 지경천(地境川)을 지나 청단역을 거쳐서 하평창(下平倉)에 이르러 바다로 들어간다〉

어사천(於賜川)〈일명 공수천(公須川)이라고 한다. 읍치로부터 동쪽 53리에 있으며 취라산에서 나와서 남쪽으로 흘러 공수원(公須院)을 지나 평산(平山)의 운달산(雲達山) 물과 합쳐서 삼탄의 하류에서 모인다〉

작천(鵲川)〈읍치에서부터 동북쪽 20리에 있으며 수미산에서 나와 동남쪽으로 흘러 창금산과 미록산의 물과 합쳐 남쪽으로 흘러 읍천(邑川)을 이루고 구해창(舊海倉)을 거쳐 바다로 들어간다. ○고려 우왕 11년(1385)에 우왕이 해주에 돌아가서 작천에서 유락(遊樂)하였는데 옛 신평현에 이르러 사슴을 쏘다가 말에서 떨어졌다〉

읍천(邑川: 대동지도에는 읍천(泣川)으로 되어 있음/역자주)〈읍치에서부터 동쪽 30리에 있으며 연안대로로 통한다〉

광석천(廣石川)〈읍치에서부터 북쪽 3리에 있으며 수미산에서 나와서 남쪽으로 흘러 주의 동쪽을 흘러 한천포(漢川浦)로 들어간다. ○계곡은 매우 깊고 가운데 반석이 있는데 평평하고 맑은 샘이 흘러 넘친다. 계곡 가운데에는 넓디넓은 곳이 많고 돌이 가득차 있는데 매우 좋다〉

취야천(翠野川: 대동지지에는 야(也)로 되어 있음/역자주)〈읍치에서부터 서쪽 35리에 있으며 문산에서 나와서 동남쪽으로 흘러 장등현과 만나 석담의 물에 이르러 취야정을 거쳐 결성포로 들어간다〉

피금천(披錦川)〈읍치에서부터 북쪽 50리에 있다. 북숭산의 조화동(助化洞)에서 나와 미록산·문산의 물에 이르러 동쪽으로 흘러 피금리를 거쳐 재령 땅에 들어가 염탄(鹽灘)이 된다. 재령에 상세하다〉

석담천(石潭川)〈읍치에서부터 서쪽 40리에 있다. 취야정을 참고하라. ○경치가 그윽하고 깊으며 맑고 아름다워 멀리까지 트였다. 전지(田地)가 비옥하여 유현(儒賢) 이이(李珥)가 이곳에 서실(書室)을 지어놓고 강학(講學)하였다〉

사포(沙浦)〈읍치에서부터 남쪽 35리에 있다〉

결성포(結城浦)〈읍치에서부터 남쪽 15리에 있다. 바닷물이 양쪽의 산 사이로 들어와서 면전에서 굽어돌아 멈추어 큰 호수를 만들었다. 둘레는 60여리이고 호수의 북쪽 기슭에는 창고를 설치하였다. 여염집이 즐비하고 선박들이 모여든다. 호수의 남쪽 기슭에는 여러 봉우리가 연결되어 있어 마치 병풍을 두른 듯하다. 붉은 해안 수십리는 낮에는 비단 물결이 굽이치며 아득히 펼쳐져 있고 밤에는 고기잡이 불빛이 온 사방에 가득하다. 가운데 작은 섬이 있으니 군산(群山)이라 한다. 동쪽을 바라보면 푸른 바다가 넓고 아득하고 북쪽을 바라보면 수양산이 우뚝 솟아 있으니 사람들이 소동정(小洞庭)이라 부른다〉

흑두포(黑頭浦)〈읍치로부터 서쪽 150리에 있으며 북쪽으로 장연의 대곶량(大串梁)을 마주 대하고 있다. 서쪽은 백령도·대청도·소청도 등 여러 섬을 바라보고 있다〉

수양폭포(首陽瀑布)〈수양산성 가운데서부터 나와서 석벽을 나르는 듯 흐르는 물이 300여 척(尺)이나 된다. 바라보면 마치 긴 무지개 같고 아래는 깊은 못을 이루고 있으며 동쪽으로 흘러서 작천으로 들어간다. 읍의 칭호를 폭지(瀑池)라 하였으니 연못이란 이 때문이다〉

마산온천(馬山溫泉)〈읍치로부터 서쪽 70리에 있다. 가까이 있는 땅의 기온이 모두 따뜻하고 물 맛도 짜다〉

【제언은 1곳이고 동보(垌洑: 못막이/역자주)가 1곳이다】

「도서」(島嶼)

용매도(龍媒島)〈읍치로부터 동남쪽 90리에 있다. 북으로 피곶(皮串)과의 거리가 10리이고 조수가 물러나면 걸어서 들어갈 수 있다. ○섬에서부터 동쪽으로 교동(喬桐)과 마포(馬浦)가 80리 거리이고 북으로는 결성포와 60리 떨어져 있고 서쪽으로는 연평도와 60리 거리인데 모두 수로(水路)이다〉

수압도(水鴨島)〈용매도의 서쪽에 있다. 크고 작은 두 개의 섬이 있는데 두 섬의 거리가 4,5리이다〉

연평도(延平島)〈읍치로부터 서남쪽 120리에 있다. 섬에서부터 서쪽으로 강령(康翎)·등산곶(登山串)이 50리 거리이다. 섬 근처에는 석수어(石首魚: 조기/역자주)가 나서 고기잡이 배가 모여든다. ○고려 선종(宣宗) 10년(1093)에 안서도호(安西都護)가 하연평도(下延平島)를 관할하였는데 순검군이 해선(海船) 1척을 나포하였다. 그 배에는 송나라 사람 12인, 왜인(倭人) 19인이 궁전(弓箭: 활과 화살/역자주) 도창(刀鎗: 칼과 창/역자주) 갑무(甲鍪: 갑옷과 투구/역자주)를 갖추고 수은(水銀)·진주(眞珠)·유황(硫黃)·법라(法螺: 소라고동/역자주) 등의 물건을 가지고 있었다〉

상연평도(上延平島)〈연평도의 동남쪽 5리에 있다〉

구도(九島)〈주의 남쪽으로 바다 가운데 3,40리에 탄환과 같은 작은 섬이 9개 있다〉

『형승』(形勝)

뒤로는 수양산을 지고 앞으로는 푸른 바다를 임하여 있으며 산천은 아름답고 토지는 비옥한 곳이다. 한 구석에 처해 있으나 수륙(水陸)을 제어하고 한 도(道)를 진무하며 주(州)와 군(郡)을 저울질한다. 명산(名山)과 넓은 들이 서로 엇갈려 수를 놓은 듯하다.

『성지』(城池)

읍성(邑城)〈고려 공양왕 3년(1391)에 건축하였다. 조선 명종 을묘년(1555)과 선조(宣祖) 신묘년(1591)에 중수하였다. 영조(英祖) 정묘년(1747)에 개축하였는데 둘레가 13,120자이고 치성(雉城: 성가퀴, 여장, 성 윗부분에 외부에 몸을 감추고 적을 쏠 수 있는 시설/역자주)이 13개, 옹성(甕城)이 1개, 곡성(曲城: 성벽보다 바깥으로 내어 쌓아서 바깥으로 반원형으로 돌출해 있는 성/역자주)이 1개, 성문(城門)이 4개, 우물이 12곳, 연지(蓮池)가 1곳, 호지(壕池)가 1곳이다〉

수양산성(首陽山城)〈신라 경덕왕 21년(762)에 축조하였다. 조선 숙종 2년(1676)에 개축하였으니 둘레는 3,950보이다. 은적사(隱寂寺)가 있다. ○수성장(守城將)은 본주의 판관(判官)이 겸한다. 별장(別將)은 1원이다〉

『영아』(營衙)

순영(巡營)〈조선 태조 4년(1395)에 설치하였다〉

「관원」(官員)

관찰사(觀察使)〈병마수군절도사(兵馬水軍節度使)와 순찰사(巡察使)와 해주목사(海州牧使)를 겸한다〉, 도사(都事), 중군(中軍)〈토포사(討捕使: 도적잡은 일을 하는 벼슬아치, 진영장이 겸한다/역자주)를 겸한다〉, 역학훈도(譯學訓導: 지방고을에 둔 종9품 벼슬, 해당분야를 가르침/역자주), 심약(審藥/궁중에 바치는 약재를 검사하기 위해 각 도에 보내는 종9품 벼슬/역자주), 검률(檢律: 범죄와 형벌에 관한 일을 보는 지방 각도의 종9품 벼슬/역자주)이 각 1원(員)이다.

『진보』(鎭堡)

용매량진(龍媒梁鎭)〈섬 가운데 있다. 옛적에 만호(萬戶: 고려 때 순군만호부에 소속된 무관 벼슬, 조선에서는 진(鎭)에서 군사를 통솔하는 종4품의 무관/역자주)를 두었다. ○수군동첨

절제사(水軍同僉節制使) 1원이다〉

요망(瞭望)〈가천(茄川)·흑두포(黑頭浦)에 있다. 옹진(甕津)에 상세하다〉

『봉수』(烽燧)

피곶(皮串)〈읍치에서부터 동남쪽 80리에 있다〉

용매도·수압도·연평도〈이들은 수로(水路)의 원봉(元烽)이다〉

남산(南山)·화산(花山)·사곶(沙串)〈이 셋은 다만 순영에 보고한다〉

『창고』(倉庫)

창고는 12곳이다.〈읍성안에 있다〉

결성(結城倉)〈결성포의 변두리에 있다〉

서별창(西別倉)〈서별강변에 있다. 옛날에는 장산곶 이북의 여러 읍의 세곡(稅穀)을 조운하여 서울에까지 실어 날랐으나 조운은 지금 폐지되었다〉

남창(南倉)〈취야포(翠野浦) 가에 있다〉

일소둔창(一所屯倉)〈가천(茄川)에 있다〉

구해창(舊海倉)〈읍천포(邑川浦) 변에 있다〉

청단역창(靑丹驛倉)·용매진창(龍媒鎭倉)·산성창(山城倉)·전석둔창(粘石屯倉)〈서쪽 40리에 있다〉

해남창(海南倉)·율지창(栗枝倉)·상평창(上平倉)·하평창(下平倉)·동강창(東江倉)·소문창(蘇文倉)〈모두 읍내에 있다〉

수미창(須彌倉)〈광조사(廣照寺)의 옛터이다〉

『역참』(驛站)

청단도(靑丹道)〈옛 이름은 청단(淸丹)이다. 동쪽의 10리는 역 7곳에 속한다. ○찰방(察訪) 1원(員)은 순영(巡營)에 있다〉

망정역(望汀驛)〈읍치로부터 남쪽 2리에 있다〉

「혁폐」(革廢)

금강역(金剛驛)〈읍치로부터 서쪽 25리에 있다〉

양계역(楊溪驛)〈읍치로부터 서쪽 70리에 있다〉
가율역(嘉栗驛)
남산역(南山驛)

『목장』(牧場)

용매도장(龍媒島場)〈본래는 소를 기르는 목우장이었는데 후에 목마장(牧馬場)이 되었다. 진을 설치한 후에는 폐하였다〉
연평도장(延平島場)〈폐하였다〉

『교량』(橋梁)

어사천교(於賜川橋)〈여름에 물이 넘치면 배를 사용한다〉·읍천교(邑川橋)·작천교(鵲川橋)·석담천교(石潭川橋)·죽천교(竹川橋)가 있다.

『토산』(土産)

어물(魚物) 20여종이 있고, 소금[염(鹽)]·철(鐵)·지치[자초(紫草): 산지에 절로 나는 다년생 풀/역자주]·묵박(墨礴)·돌미역[석곽(石藿)]·사곽(絲藿: 미역의 일종/역자주)·청각(靑角: 바다 풀의 일종/역자주)이 있다.

『장시』(場市)

〈읍내장은 2일·7일이고 취야장(翠野場)은 3일·8일이고 사하리장(沙下里場)은 5일·10일이다. 죽천장(竹川場)은 1일·6일이고, 오연장(鰲淵場)은 2일·7일이며, 냉정장(冷井場)은 1일·6일이고, 석장장(石墻場)은 3일·8일이다〉

『궁실』(宮室)

부용당(芙蓉堂)〈수양관(首陽舘)의 서쪽 연못 위에 있다. 선조(宣祖) 계사년(1593)에 왕이 서울로 돌아갈 때 이곳에 임어(臨御)하였다. 수도로 돌아올 때에는 왕비 및 왕자 여러 빈(嬪)들이 해주에 머물렀는데 원종(元宗)대왕과 인헌왕후(仁獻王后) 구씨(具氏)가 주민 우명장(禹命長)의 집에 머물렀다. 을미년(1595)에 인조가 이곳에서 태어났다. 숙종 무오년(1678)에 탄

생 기록을 적은 비를 세웠다. 영조때 어필(御筆)로 편액을 써서 걸었다〉

『누정』(樓亭)

공북루(拱北樓)〈북쪽 성문의 누(樓)이다〉·해운정(海雲亭)〈동쪽 5리에 있는데, 동정(東亭) 또는 자정(子亭)이라고 한다. 앞에 못이 있으며 기문이 적힌 비석이 있다〉·탁열정(濯熱亭)〈북쪽에 있다〉·백림정(栢林亭)·취야정(翠野亭)이 있다.

『묘전』(廟殿)

청성묘(淸聖廟)〈숙종 신미년(1691)에 세웠고 신사년(1701)에 어필(御筆)로 편액을 걸었다〉에 백이(伯夷)〈성(姓)은 묵(墨)이고 이름은 윤(允)이며 자(字)는 공신(公信)이다. 고죽군(孤竹君)의 장자(長子)로서 시호는 이(夷)이다. 송나라에서는 청혜후(淸惠候)로 봉하였다〉와 숙제(叔齊)〈이름은 지(智)이고 자는 공달(公達)이며 고죽군의 막내 아들이다. 시호는 제(齊)이며 송나라에서 인혜후(仁惠候)로 봉하였다〉를 봉안하였다.

『단유』(壇壝)

우이산단(牛耳山丹)〈조선시대에 명산(名山)이라 하여 소사(小祀: 나라에서 지내는 제사 중 가장 규모가 작은 제사/역자주)를 올렸다〉

지성산단(池城山壇)〈본읍으로 하여금 제사를 드리게 하였다〉

『사원』(祠院)

문헌서원(文憲書院)〈명종 기유년(1549)에 세웠고 경술년(1550)에 사액하였다〉에 최충(崔冲)〈자는 호연(浩然)이고 해주인이다. 관직은 태사 상주국 중서령(太師上柱國中書令)으로 치사하였고 시호는 문헌(文憲)이다〉 최유선(崔惟善)〈최중(崔仲)의 아들이다. 관직은 사도 중서령(司徒中書令)이고 시호는 문화(文和)이다〉을 모신다.

○소현서원(紹賢書院)〈선조 정축년(1577)에 세웠고 광해군 경술년(1610)에 사액되었다〉에 주자(朱子)·조광조(趙光祖)·이황(李滉)·이이(李珥)·성혼(成渾)·김장생(金長生)·송시열(宋時烈)〈모두 문묘(文廟)에 보인다〉를 모신다.

『전고』(典故)

　　고려의 성종(成宗)·현종(顯宗)·문종(文宗)이 모두 해주에 행차하였다. 고종 4년(1217)에 안서도호부가 거란족과 전투를 하였는데 100여급의 머리를 베었다. 고종 46년(1259)에 몽고 군대가 서경으로부터 안악·청송·풍주·해주에 난입하여 들어와 사람과 재물을 납치하여 갔다. 충렬왕 원년(1275)에 원나라가 만자군(蠻子軍: 남송(南宋)의 유민(遺民)으로 편성된 원(元)나라 군대/역자주) 1,400인을 보내서 해주·염주·백주의 3주에 나누어 머물렀다. 충렬왕 27년(1301)에 왕이 원(元)나라에 가는데 은천(銀川)〈백주(白州)에 있다〉에 들렀다가 해주에서 드디어 서울로 돌아왔다. 충혜왕 원년(1331)에 왕이 해주의 금강(金剛) 들판〈서쪽으로 13리에 있다〉에서 사냥을 하였다. 공민왕 10년(1361)에 목사(牧使) 최영유(崔永濡)가 홍건적(紅巾賊)의 난에서 싸우다가 죽었다. 공민왕 20년(1371)에 왜(倭)가 해주로 들어와 관청을 불태우고 목사의 처와 딸을 잡아서 돌아갔다. 공민왕 22년(1373)에 왜구가 해주에 들어와 목사 엄익겸(嚴益謙)을 죽였다. 우왕 3년(1377)에 왜구가 해주에 들어왔다. 조선 태조 이성계가 여러 원수(元帥)들과 더불어 격퇴시켰는데 변안렬(邊安烈)·임견미(林堅美) 등이 무너져 도망하자 이성계가 해주의 동쪽 정자〈즉 해운정(海雲亭)이다〉에서 군대를 풀어놓아 싸워서 대파시켰다. 남은 무리가 주저하고 위험스러워 스스로 방어하기만 하는데 또 공격하여 거의 전멸시켰다. 우왕 4년(1378)에 왜구가 해주에 들어왔고 우왕 11년에 왜구가 피곳에 들어왔다. 우왕 14년(1388)에 왕이 장차 해주 백사정(白沙汀)〈강령(康翎)에 있다〉에서 수렵하였는데 실지로는 요(遼)를 공격하려는 뜻이었다. 영비(寧妃)와 최영(崔瑩)이 그 일을 따르고 찬성사 우현보(禹賢寶)가 경성(京城: 서울/역자주)에 남아서 지켰다. 공양왕(恭讓王) 원년(1389)에 왜의 선박 20척이 해주에 와서 정박하여 유만수(柳蔓殊)와 정종(定宗)을 보내어 막아냈다. ○조선 태종 13년(1413)에 해주에서 강무(講武)하였다. 선조 25년(1592)에 강령현감 유빈령(柳蘋領)이 의병을 일으켜 해주 백현(白峴) 들에서 왜와 싸우다가 전사하였다. 선조 26년(1593) 7월에 왕이 또 황주로부터 해주로 행차하는데 왕비와 세자가 강서(江西)로부터 와서 만났고 임해(臨海)·순화(順和) 두 왕자도 역시 일본으로부터 왔다.

2. 연안도호부(延安都護府)

『연혁』

본래 고구려의 동음홀(冬音忽)이다.〈혹은 동삼홀(冬彡忽)이라 한다〉후에 고염성(鼓鹽城)이라 고쳤다. 신라 경덕왕 16년(757)에 해락군(海樂郡)으로 고치고〈영현(領縣)은 구택(駒澤)이다〉한주(漢州)에 예속시켰다. 고려 태조 23년(940)에 염주(鹽州)로 고치고〈'송사(宋史)'에는 염주(閻州)라 하였다〉, 성종 14년(995)에 방어사(防禦使)를 두었다. 현종 3년(1012)에 폐하고 안서도호부에 속하게 하였다가 후에 감무(監務)를 두었다. 고종 4년(1217)에 영응현령(永膺縣令)으로 올리고〈염주 사람이 거란 병사를 쫓아가 격퇴시켜 수십명의 포로를 바쳤으므로 그 공로로 올려주었다〉고종 46년(1259)에 지복주사(知復州事)로 올라갔다.〈차송우(車松祐)라는 사람이 위사공신(衛社功臣)이 되었기 때문이다〉원종 10년(1269)에 석주(碩州)로 고치고〈또 이분희(李汾禧)가 위사공신이 되었다〉충렬왕 34년(1308)에 온주목(溫州牧)으로 올리고 충선왕 2년(1310)에 연안부로 내렸다.〈목을 모두 없앴다〉조선 태종 13년(1413)에 도호부로 고쳤다.〈공양왕 3년(1391)에 황해도로부터 옮겨 경기도에 예속시켰는데, 이때 황해도로 되돌렸다〉

「읍호」(邑號)

오원(五原)〈고려 성종 때 정하였다〉과 양원(陽原)이 있다.

「관원」(官員)

도호부사(都護府使)〈해주진관 병마동첨절제사(兵馬同僉節制使)와 진무사(鎭撫使)와 후영장(後營將)을 겸한다〉1원이다.

『방면』(坊面)

동부방(東部坊)·서부방(西部坊)·남부방(南部坊)·북부방(北部坊)〈끝은 모두 읍치에서부터 10리이다〉

돌곶방(石串坊)〈읍치로부터 동쪽 10리에서 시작하여 30리에서 끝난다〉

지촌방(池村坊)〈읍치로부터 동남쪽 20리에서 시작하여 25리에서 끝난다〉

적촌방(赤村坊)〈위와 같다〉

식척방(食尺坊)〈읍치로부터 남쪽 15리에서 시작하여 20리에서 끝난다〉

신성방(薪城坊)〈읍치로부터 남쪽 10리에서 시작하여 15리에서 끝난다〉

개현방(介峴坊)〈읍치로부터 서남쪽 10리에서 시작하여 20리에서 끝난다〉

소식방(召食坊)〈위와 같다〉

대산방(大山坊)〈읍치로부터 서남쪽 20리에 시작하여 30리에서 끝난다〉

병성방(並城坊)〈읍치로부터 서남쪽 25리에서 시작하여 35리에서 끝난다〉

유두방(楡頭坊)〈읍치로부터 서남쪽 25리에서 시작하여 40리에서 끝난다〉

잉관방(芿串坊)〈읍치로부터 서쪽 15리에서 시작하여 25리에 끝난다〉

봉촌방(蓬村坊)〈읍치로부터 서쪽 15리에서 시작하여 30리에서 끝난다〉

송청방(松靑坊)〈읍치로부터 서북쪽 15리에서 시작하여 20리서 끝난다〉

정촌방(亭村坊)〈읍치로부터 북쪽 15리에서 시작하여 25리에서 끝난다〉

금암방(今巖坊)〈읍치로부터 북쪽 25리에서 시작하여 30리에서 끝난다〉

홍장방(洪長坊)〈읍치로부터 북쪽 20리에서 시작하여 35리에서 끝난다〉

범정방(凡庭坊)〈읍치로부터 북쪽 20리에서 시작하여 30리에서 끝난다〉

삼둔방(三屯坊)〈읍치로부터 북쪽 15리에서 시작하여 25리에서 끝난다〉

『산수』(山水)

봉세산(鳳勢山)〈일명 비봉산(飛峯山)이라고 한다. 읍치로부터 북쪽 2리에 있는데 무운대 (舞雲臺)가 있다〉

용박산(龍縛山)〈읍치에서부터 동북쪽 20리에 있는데 배천과의 경계이다〉

태자산(太子山)〈읍치에서부터 북쪽 25리에 있다〉

수락산(水落山)〈읍치에서부터 남쪽 30리 해변에 있다〉

여애산(餘哀山)〈읍치에서부터 서쪽 40리에 있다〉

금사산(金沙山)〈읍치에서부터 북쪽 30리에 있는데 배천과의 경계이다. ○한 읍이 모두 평 평하고 약간 기슭이며 앞 뒤가 모두 큰 벌판인데 오직 용박산만이 가장 높다〉

【건지산(巾之山)은 읍치로부터 북쪽 5리, 과룡산(過龍山)은 서쪽 20리, 도정산(都正山)은 남쪽 2리, 문서산(文書山)은 동쪽 6리에 있는데 모두 높은 언덕이다】

【제언은 8곳이고 동보(垌洑)는 3곳이다】

「영로」(嶺路)

독현(禿峴)〈읍치로부터 동쪽 20리에 있으며 배천으로 통한다〉

화고현(化古峴)〈읍치로부터 동북쪽 20리에 있으며 평산으로 가는 샛길로 통한다〉

○바다〈읍치에서부터 남쪽 20리, 서남쪽 40리, 서쪽 35리에 있다〉

화소천(火燒川)〈읍치로부터 동쪽 10리에서 나와서 용박산 남쪽으로 흘러 번지항교(番之項橋)를 거쳐 방진포(邦津浦)를 만들고 바다로 들어간다〉

소초포(所草浦)〈읍치로부터 남쪽 20리에 있다〉

나진포(那津浦)〈읍치로부터 남쪽 10리에 있으며 선박이 모인다〉

신포(新浦)〈읍치로부터 동쪽 30리에 있는데 배천[白川]과의 경계이다〉

와룡지(臥龍池)〈읍치로부터 남쪽 5리에 있다. 남대지(南大池)라 칭하며 둘레는 10여리이다. 이 연해에서 시작하여 동쪽으로 예성강에 이르기까지 60여리의 큰 벌이 있다. ○연못가에는 서한대(畫寒臺)와 군자정(君子亭)이 있다〉

「도서」(島嶼)

반니도(班尼島)·정산도(定山島)·호리도(号里島)·가리도(加里島)·구도(舊島)〈이들은 부(府)의 서쪽 바다 가운데 있다〉

모로도(毛老島)〈부의 남쪽 바다 가운데 강화(江華)와 말도(末島)의 서쪽에 있다. 조기[석수어(石首魚)]가 난다〉

함박도(含朴島)〈말도의 서쪽에 있다〉

반니초(班尼草)〈길이가 20리인데 바닷속에 있다〉 모로초(毛老草)〈위의 두 섬에서는 대합(大蛤)이 난다〉

『성지』(城池)

읍성(邑城)〈조선 명종 10년(1555)에 쌓았다. 선조 24년(1591)에 신각(申恪)이 본부의 수령이 되었을 때 보수하여 쌓았다. 둘레는 1,389보이고 옹성(甕城)은 2곳이며 성문(城門)은 4개이고 해자(垓子)는 깊이가 1장(丈)이며 우물은 5개이다〉

봉세산 고성(鳳勢山 古城)〈둘레는 5,400자이다〉

고첩(古疊)〈나진포(那津浦) 남쪽 들가운데 있다〉

【진무(鎭撫)와 후영(後營)이 있다. 속읍(屬邑)은 배천[백천(白川)]이다】

『봉수』(烽燧)

각산(角山)〈읍치에서 동남쪽 30리에 해변에 홀로 서있다〉

백석산(白石山)〈읍치에서 남쪽 20리에 있다〉

간월산(看月山)〈읍치에서 서남쪽 33리에 있다〉

정산(定山)〈읍치에서 서쪽 32리에 있다〉

주지곶(注之串)〈읍치에서 서쪽 25리에 있다〉

『창고』(倉庫)

읍창(邑倉)과 유두창(楡頭倉)〈읍치에서 서남쪽 40리에 해변에 있다〉

『역참』(驛站)

심동역(深洞驛)〈읍치에서 북쪽 10리에 있다〉

『교량』(橋梁)

번지항교(蕃之項橋)〈읍치에서 동쪽 15리에 있는데 개성대로(開城大路)로 통한다〉

마진교(馬陳橋)〈읍치에서 서쪽 10리에 있다〉

풍천교(楓川橋)〈읍치에서 서쪽 15리에 있다. 금사산(金沙山)·용박산(龍縛山)의 물이 서쪽으로 흘러 바다로 들어간다. 이 2곳의 다리는 해주대로(海州大路)로 통한다〉 나진포교(那津浦橋)〈읍치에서 남쪽 10리에 있다〉

『토산』(土産)

어물이 15종이며 소금·연꽃씨[연실(蓮實)]·마늘[산(蒜)]이 있다.

『장시』(場市)

읍내장은 2일·7일이고 정족장(鼎足場)은 1일·6일이다.

『사원』(祠院)

비봉서원(飛鳳書院)〈선조(宣祖) 병신년(1596)에 건축하였고 숙종(肅宗) 병술년(1706)에 사액하였다〉에서 주자(朱子)〈문묘(文廟)에 보인다〉·최충(崔冲)〈해주조(海州條)에 보인다〉·김굉필(金宏弼)·이이(李珥)·성혼(成渾)·박세채(朴世采)〈문묘(文廟)에 보인다〉를 모신다.

○현충사(顯忠祠)〈인조(仁祖) 무인년(1638)에 세웠고 숙종 갑신년(1704)에 사액하였다〉에 이정암(李廷馣)〈자는 중훈(仲薰)이고 호는 퇴우당(退憂堂)이다. 경주 사람으로 관직은 지중추(知中樞)에 이르렀으며 좌의정(左議政) 월천부원군(月川府院君)에 증직되었다. 시호(謚號)는 충목(忠穆)이다〉 신각(申恪)〈평산(平山) 사람이고 관직은 병사(兵使: 병마절도사/역자주) 부원수(附元帥)이다. 선조 임진년(1592)에 화를 입었다〉 김대정(金大鼎)〈언양(彦陽) 사람이고 관계(官階)는 가선대부(嘉善大夫)이며 병조참판에 추증되었다〉 송덕윤(宋德潤)〈연안(延安)사람이며 임진왜란때 의병장(義兵將)이었고 관직은 첨사(僉使) 양근군수(楊根郡守)를 지냈다〉 장응기(張應麒)〈자는 경유(景儒)이고 울진(蔚珍) 사람이다. 무과(武科)에 다시 등과하여 의병장(義兵將)이 되었고 관직은 군수(郡守)를 지냈으며 병조참의(兵曹參議)에 증직되었다〉 조광정(趙光庭)〈자는 응현(應賢)이고 한양 사람이다. 군자주부(軍資主簿)에 추증되었다〉을 모신다.

『전고』(典故)

고려 현종 22년(1031)에 임금이 염주(鹽州)에 행차하였다. 선종(宣宗) 5년(1088)에는 사신을 보내어 전성(甎城)에서 초제(醮祭)를 지냈다.〈읍치에서 남쪽 7리에 있으며 와룡지(臥龍池)의 남쪽에 있다. 옛날에 천단(天壇)에 제사를 지냈다하여 속칭 남신당(南神堂)이라 한다〉 인종 7년(1129)에 또 사신을 보내 초제를 지냈다. 고종 4년(1217)에 부원수 조충(趙冲) 등의 군대가 염주(鹽州)에서 빛나는 전투를 하여 거란병이 물러갔다. 고종 40년(1253)에 몽고(蒙古) 원수(元帥) 아모간(阿母侃)이 군대를 이끌고 염주에 주둔하였다. 고종 45년(1258)에 몽고의 척후기병이 염주·백주 등 3주에 이르렀다. 몽고 차라대(車羅大)가 군대를 수습하여 물러나 염주에 주둔하였다. 공민왕 10년(1361)에 염주 사람 중랑장(中郎將) 김장수(金長壽)가 주민을 이끌고 홍건적의 유기(游騎: 유격하는 기병(騎兵)/역자주) 140인을 죽였다. 우왕 4년(1378)에 왜구가 연안부에 들어왔다. 우왕 5년(1379)에 왜가 연안부에 침입하자 김유(金庾)·나세(羅世)를 보내 전함(戰艦) 52척으로 가서 격퇴시켰다. 우왕 11년(1385)에 왕이 연안부에 이르렀는데 큰 비가 와서 호종(扈從)하는 사람들이 모두 젓고 우마(牛馬)가 길에서 죽었다. ○조선 선조 25년(1592) 처음에 임진(臨津)에서 패배하매 황주현(黃州縣)·해주현(海州縣)이 모두 적의 소

굴이 되었다. 초토사(招討使) 이정암(李廷馣)은 흩어진 병사를 모아서 연안을 굳게 지켰다. 왜장(倭將) 고오니시 유키나가[소서행장(小西行長)] 가토오 키요마사[가등청정(加藤淸政)] 등이 해주·평산 여러 지역에 주둔하고 있는 왜병 5, 6만명을 모두 일으켜 대거하여 들어와 주야로 진공(進攻)하였는데 포위된 지 4일 동안 원병(援兵)은 오지 않고 형세는 점차 고립되고 위태로왔다. 적(敵)이 개미떼처럼 붙어서 성중으로 기어올라오매 문빗장을 잠그고 성첩을 단단히 보수하고 솥을 나란히 걸어놓고 물을 끓여 적이 성을 올라오기를 기다려 끓는 물을 부었다. 적(賊)이 또 풀과 섶으로 참호를 메워서 올라오니 횃불을 던져서 태워버렸다. 적이 남산에서 높은 누각을 세우고는 판자벽에 구멍을 뚫어서 굽어 내려보며 포환을 성중으로 쏟아부었다. 성중에서는 판옥(板屋)을 일으켜서 사방으로 대항하였다. 적(賊)이 밤안개가 짙은 틈을 타서 몰래 서쪽 성을 기어 올라오자 아군이 횃불로 태워 40여인을 죽였다. 적이 또 빈 관을 싣고 올라오므로 아군이 돌을 던져 잡으니 거꾸러지고 엎어지지 않는 자가 없었다. 큰 싸움이 5일 동안 계속되자 적도 역시 포환이 다하고 기술이 궁해서 오직 북만 울릴 뿐이었다. 아군은 승세를 타고 환호하며 쇠북소리가 땅을 진동하였다. 적이 이에 쌓인 시체를 모아 불태우고서 퇴각하니 추격하여 목을 베고 노획한 것이 매우 많았다.

3. 풍천도호부(豊川都護府)

『연혁』(沿革)

본래 고구려의 구을현(仇乙縣)이었다.〈일명 굴천(屈遷)이라고 한다〉 신라 경덕왕 16년(757)에 굴현(屈峴)이라 고쳐서 양악군(楊岳郡)의 영현(領縣)으로 하였다. 고려 태조 23년(940)에 풍주(豊州)라고 고치고 성종 14년(995)에 도호부로 올렸다. 현종(顯宗) 9년(1018)에 군(郡)으로 강등하고 방어사(防禦使)를 두고 서해도에 예속시켰다.〈속군(屬郡)은 안악(安岳)이고 속현(屬縣)은 유주(儒州)·은율(殷栗)·청송(靑松)·가화(嘉禾)·영령(永寧)이다〉 조선 태조 6년(1397)에 진(鎭)을 두고 병마사(兵馬使)로서 지주사(知州事)를 겸하게 하였다. 태종 13년(1413)에 은율을 합해서 풍률군(豊栗郡)이라 칭하고 얼마 있다가 나누었다. 세종 5년(1423)에 고쳐서 첨절제사를 두고 예종 원년(1469)에 중궁(中宮)〈안순왕후 한씨(安順王后韓氏)〉의 외향(外鄕)이므로 올려서 도호부로 하였다.

「읍호」(邑號)

서하(西河)〈고려 성종 때 정하였다〉와 성해(成海)이다.

「관원」(官員)

도호부사(都護府使)〈해주진관 병마진관병마동첨절제사(海州鎭管兵馬同僉節制使)와 좌영장(左營將)과 토포사(討捕使)를 겸한다〉 1원이다.

『방면』(坊面)

읍내방(邑內坊)〈끝이 읍치로부터 10리이다〉

유산방(遊山坊)〈읍치로부터 서남쪽 10리에서 시작하여 끝은 30리이다〉

율리방(栗里坊)〈읍치로부터 서남쪽 20리에서 시작하여 끝은 30리이다〉

하리방(下里坊)〈읍치로부터 남쪽 5리에서 시작하여 끝은 25리이다〉

상리방(上里坊)〈읍치로부터 동쪽 5리에서 시작하여 끝은 20리이다〉

천동방(泉洞坊)〈읍치로부터 북쪽 15리에서 시작하여 끝은 30리이다〉

인남방(仁嵐坊)〈읍치로부터 북쪽 30리에서 시작하여 끝은 40리이다〉

진등방(眞等坊)〈읍치로부터 서북쪽 10리에서 시작하여 끝은 25리이다. 벽달향(碧達鄕)은 북쪽으로 26리에 있고, 용산향(龍山鄕)은 북쪽 13리에 있고 장향(長鄕)은 서남쪽 15리에 있고 광관향(廣舘鄕)은 광석산(廣石山) 아래에 있다〉

【지촌향(池村鄕)은 읍치로부터 북쪽 40리에 있다】

『산수』(山水)

서린봉(瑞麟峯)〈부(府)의 북쪽에 있다. 성(城)의 가장자리가 그 위에 있다〉

망덕봉(望德峯)〈부(府)의 북쪽 2리에 있다〉

장령산(長嶺山)〈부(府)의 북쪽 25리에 있다〉

대약산(大藥山)〈부(府)의 동쪽 25리에 있으며 송화의 경계이다. ○청량사(淸凉寺)가 있다〉

소약산(小藥山)〈부(府)의 대약산의 북쪽에 있다〉

묵산(墨山)〈부(府)의 동쪽 25리에 있고 송화와 은율과의 경계이다〉

광석산(廣石山)〈부(府)의 서남쪽 25리에 있다〉

박석산(礴石山)〈부(府)의 남쪽 30리에 있으며 장연 송화와의 경계이다〉

풍장산(楓長山)〈부(府)의 서남쪽 15리에 있다〉

비파산(琵琶山)〈부(府)의 북쪽 40리에 있다〉

소백산(小白山)〈부(府)의 서쪽 15리에 있다〉

두백산(頭白山)〈부(府)의 남쪽 20리에 있다〉

운성산(雲城山)〈부(府)의 북쪽 30리에 있다〉

사인암(舍人巖)〈부(府)의 동남쪽 20리에 있다〉

「영로」(嶺路)

대령(大嶺)〈부(府)의 북쪽 25리에 있으며 허사진(許沙鎭)으로 가는 길이다〉

신(新)령(嶺)〈부(府)의 서남쪽 30리에 있다〉

사인현(舍人峴)〈부(府)의 동쪽 20리에 있으며 송화로 가는 길이다〉

소요항(所要項)〈부(府)의 동북쪽 10리에 있고 은율로 가는 길이다〉

당현(唐峴)〈부(府)의 북쪽 10리이며 허사로 가는 길이다〉

○바다〈부(府)의 서쪽 15리에 있다〉

업청강(業淸江)〈부(府)의 서쪽 10리에 있다〉

남천(南川)〈대약산에서 나와서 서쪽으로 흘러 부(府)의 남쪽 3리를 거쳐 업청강으로 들어간다〉

통천(通川)〈부(府)의 동남쪽 20리에서 나와서 두백산의 서북쪽으로 흘러 업청강으로 들어간다〉

지촌포(池村浦)〈부(府)의 북쪽 40리에 있다. 옛 지촌향은 중국에 사신갈 때 배를 타는 곳이다〉

송포(松浦)〈부(府)의 서쪽 10리에 있다〉

유포(乳浦)〈옛 벽달포이다. 북쪽 30리에 있다〉

여기포(女妓浦)〈본래 두요포(豆要浦)이다. 부(府)의 서북쪽으로 20리에 있다〉

후근포(朽斤浦)〈부(府)의 서쪽 20리에 있다〉

고리포(古里浦)〈위와 같다〉

심방포(沉方浦)〈부(府)의 서쪽 25리에 있다〉

당관포(唐館浦)〈광석산 아래에 있다〉

【제언은 2곳이고 동(垌)은 1곳이다】

「도서」(島嶼)

초도(椒島)〈부(府)의 서쪽으로 수륙 40리에 있다〉

석도(席島)〈부(府)의 서북쪽 40리에 있는데 수로는 20리이고 30리와 같다. 중종 2년(1507)에 은율에 이속되고 후에 내속되었다〉

웅도(熊島)

청량도(靑梁島)〈경치가 좋다. 모두 은율에 연계된다〉

접도(蝶島)〈모두 서북쪽 바다 가운데 있다〉

『성지』(城池)

읍성(邑城)〈둘레는 1,710자이고 동쪽 서쪽 북쪽 3면에 있고 또 무너진 성[괴성(壞城)]이 있다〉

고행성(古行城)〈서쪽 해변에 있는데 둘레가 11,081자이다. 안에는 우물과 샘이 많고 또 연지(蓮池)도 있다〉

『영아』(營衙)

좌영(左營)〈인조 때 설치하였다. ○좌영장(左營將)은 본부(本府)의 부사(府使)가 겸한다. ○속읍(屬邑)은 풍천·장연(長淵)·은율(殷栗)·장련(長連)·문화(文化)·송화(松禾)·강령(康翎)이다〉

『진보』(鎭堡)

초도진(椒島鎭)〈섬 안에 있다. '원사(元史) 지리지(地理志)'에 이르기를, "초도진을 북계(北界)로 삼는다"라 하였다. 맹주(孟州)가 관할한다. 비파곶(琵琶串)과의 거리가 30리인데 지금은 독진(獨鎭)이 되었다. ○수군첨절제사(水軍僉節制使) 1원이 있다〉

허사포진(許沙浦鎭)〈부(府)의 북쪽 40리에 있다. 중종 18년(1523)에 업청강 만호를 이곳에 옮기고 후에 승격시켰다. ○수군동첨절제사 1원이 있다〉

「혁폐」(革廢)

석도진(席島鎭)〈'원사 지리지'에 이르기를 석도진을 북계로 하고 선주(宣州)의 영역으로 한다고 하였다. 원종 10년(1269) 원에 함락되고 후에 되돌렸다〉

업청강진(業淸江鎭)〈옛날에 수군만호(水軍萬戶)가 있었다〉

귀림곶진(貴林串鎭)〈부(府)의 북쪽 40리에 있는데 옛날 수군만호가 있었다〉

비파곶보(琵琶串堡)〈부(府)의 북쪽 40리에 있고 중종 18년(1523)에 설치하여 허사만호로써 관령하게 하였다. 상선이 몰래 중국에 통하는 것을 금지하였고 후에 폐하였다〉

○추포방소(追捕防所)〈초도·허사포·당관포 이 3곳은 추포무사(追捕武士)가 있었다. ○초도와 석도에는 모두 적의 동향을 살피는 장졸(將卒)이 있었다〉

요망(瞭望)하는 곳이 12곳 있다.

『봉수』(烽燧)

고리곶(古里串)〈옛 고립소(古立所)이다. 부(府)의 서쪽 20리에 있다〉

소산(所山)〈허사포진의 북쪽에 있다〉

『창고』(倉庫)

읍창·임창(任倉)〈모두 읍내에 있다〉·해창(海倉)〈부(府)의 서쪽 바닷가에 있다〉·둔창(屯倉)〈부(府)의 서남쪽 바닷가에 있다〉

『역참』(驛站)

안산역(安山驛)〈부(府)의 서쪽 4리에 있다〉

『목장』(牧場)

초도장(椒島場)〈감목관(監牧官)은 초도첨사를 겸한다〉

「혁폐」(革廢)

석도장(席島場)〈성종 때 황주(黃州)의 철도(鐵島)로부터 이곳에 옮겼다〉

『토산』(土産)

철(鐵)·벼룻돌[연석(硯石)]·옻[칠(漆)]·석이버섯[석심(石蕈)]·송이버섯[송심(松蕈)]·지치[자초(紫草)]·왜저(倭楮)·녹용(鹿茸)·벌꿀[봉밀(蜂蜜)]·사곽(絲藿)·청각(靑角: 해초의 일종/역자주)·황각(黃角: 해초의 일종/역자주)·세모(細毛)·소금[염(鹽)]·전복[복(鰒)]·해삼(海

蔘)·소라[나(螺)]·조개[합(蛤)]등 어물(魚物) 10여종이 있다.

『장시』(場市)

읍내장은 1일·6일이고 석탄장은 3일·8일이다.

『궁실』(宮室)

천사관(天使館)〈옛적에 중국 사신이 이곳에 머물렀으므로 이름지었다〉

황화문(皇華門)〈뱃길로 중국에 갈 때 출발하는 곳이므로 그 이름이 붙었다. ○'당서(唐書)'에 이르기를 등주(登州)에서부터 바다를 건너면 곧 남방의 해안이다. 패강(浿江) 입구의 초도를 지나면 신라의 서북쪽 경계가 된다고 하였다〉

『단유』(壇壝)

서해신단(西海神壇)〈서쪽 바닷가 임해봉(臨海峯) 아래에 있다. 조선시대에는 서해를 중사(中祀: 나라 제사에는 소사(小祀) 중사(中祀) 대사(大祀)의 3가지 규모가 있는데 그 중 하나/역자주)에 실었다〉

초도단(椒島壇)〈본읍에서 치제(致祭)한다〉

『전고』(典故)

고려 공민왕 9년(1360)에 홍건적의 배 70척이 와서 벽달포(碧達浦)에 묵었다. 또 덕도(德島)〈삼화(三和)이다〉·석도(席島) 등처〈또 봉주(鳳州)·안악·황주를 침략하였다〉에 정박하였다. 이방실(李芳實) 등이 홍건적을 풍주에서 격퇴시켜 30여급의 머리를 베니 적이 배를 타고 도망쳐버렸다. 우왕 3년(1377)에 왜구가 풍천에 들어오자 상원수(上元帥) 박보로(朴普老)가 그들을 추격하였는데 부사 조천옥(趙天玉)등은 10여인을 죽였다. 우왕 5년(1379)에 왜가 풍주를 노략질하여 지주사(知州使) 유자(柳滋)·안렴사(按廉使) 김간(金侃)을 죽이고 관청과 민가에 불을 지르고 60여 명을 포로로 붙잡아 가버렸다. 우왕 14년(1388)에 왜가 초도에 들어왔다.〈그 때 경성의 장정은 모두 종군하고 있었다. 매일 밤 봉화를 여러 곳에서 들어 올리자 경성은 텅 비었고 인심은 뒤숭숭하였다. 이 때는 우왕이 바야흐로 요동을 공략하려고 할 때이다〉

4. 배천군[백천군(白川郡)]

『연혁』(沿革)

본래 고구려의 도랍(刀臘)이었는데 후에 치악(雉岳)으로 고치고 신라 경덕왕 16년(757)에 구택(駒澤)으로 고쳐 해고군(海皋郡)의 영현이 되었다.〈'삼국사'(三國史: '삼국사기'/역자주〉에 이르기를 혜공왕 5년(769)에 치악현에 쥐 8000여 마리가 평양으로 향했다고 되어 있다. 고려 태조 23년(940)에 백주현(白州縣)으로 고치고 현종 9년(1018) 안서도호부에 속하게 하였다. 의종 12년(1158)에 지개흥부사(知開興府使)로 올렸다.〈주(州)에 중흥궐(中興闕)을 창건하였으므로〉후에 다시 백주라 칭하였다. 고종 46년(1259)에 충익현령(忠翊縣令)으로 올리고〈위사공신(衛社功臣) 이인식(李仁植)의 고향이기 때문이다〉원종 10년(1269)에 지복흥군사(知復興郡事)로 올리고〈위사공신 조오(趙璈)의 고향이기 때문이다〉원종 13년(1272)에 평주(平州)를 병합하였다. 충렬왕 때 나누었고 공민왕 18년(1369)에 다시 백주라 칭하였다.〈시중 경복흥(慶復興)의 이름을 피휘(避諱)한 것이다〉○공양왕 3년(1391)에 경기우도(京畿右道)에 이속시켰다. 조선 태종 13년(1413)에 백주군으로 고쳤다.〈경기도로부터 도로 황해도로 예속시켰다〉중종 21년(1526)에 현령으로 강등시켰고〈부친을 살해한 사건이 있었다〉중종 30년(1535)에 다시 올렸다.

「읍호」(邑號)

은천(銀川)〈고려 성종 때 정하였다〉

「관원」(官員)

군수〈해주진관 병마동첨절제사(海州鎮管 兵馬同僉節制使)를 겸한다〉1원이다.

『방면』(坊面)

유천면(柳川面)〈읍치로부터 남쪽 10리에서 시작하여 20리에서 끝난다〉

소학포면(小鶴浦面)·노천(蘆川)·각산(角山)〈이 3면은 남쪽 20리에서 시작하여 40리에서 끝나는데 모두 바닷가에 위치해 있다〉

지척면(紙尺面)〈읍치로부터 남쪽 30리에서 시작하여 40리에서 끝난다〉

여의면(如意面)〈읍치로부터 남쪽 20리에서 시작하여 30리에서 끝난다〉

서촌면(西村面)〈읍치로부터 서쪽 10리에서 끝난다〉

동촌면(東村面)〈읍치로부터 동쪽 20리에서 끝난다〉

화산면(花山面)〈읍치로부터 서쪽 30리에서 시작하여 30리에서 끝난다〉

도상면(道上面)〈읍치로부터 서북쪽 10리에서 시작하여 20리에서 끝난다〉

도하면(道下面)〈읍치로부터 서쪽 10리에서 시작하여 20리에서 끝난다〉

상금산면(上金山面)〈읍치로부터 서북쪽 30리에서 시작하여 40리에서 끝난다〉

하금산면(下金山面)〈위와 같다〉

금곡면(金谷面)〈읍치로부터 동남쪽 20리에서 시작하여 40리에서 끝난다〉

무구리면(無仇里面)〈읍치로부터 서쪽 20리에서 시작하여 30리에서 끝난다〉

발산면(鉢山面)〈읍치로부터 동북쪽 15리에서 시작하여 30리에서 끝난다〉

『산수』(山水)

치악산(雉岳山)〈읍치로부터 북쪽 1리에 있으며 동쪽에 형제봉(兄弟峯)이 있다〉

백마산(白馬山)〈읍치로부터 동쪽 20리의 강변에 있다. ○강서사(江西寺)가 있다〉

봉재산(鳳在山)〈일명 거자산(車子山)이라고 하며 남쪽 30리에 있다〉

황의산(黃衣山)〈읍치로부터 서북쪽 35리에 있으며 평산(平山)과의 경계이다〉

천등산(天燈山)〈읍치로부터 북쪽 20리에 있으며 동쪽에는 국사봉(國師峯)이 있다〉

고려산(高麗山)〈읍치로부터 서북쪽 20리에 있다. ○호국사(護國寺)가 있다〉

토산(兎山)〈읍치로부터 남쪽 20리에 있다. ○고려 의종 12년(1158)에 태사 유원도(劉元度)가 아뢰기를 백주·토산·반원강(半月岡)은 실로 우리나라의 중흥의 땅이다. 만약 궁궐을 지으면 북쪽의 오랑캐를 병탄할 수 있을 것입니다 하였다. 왕이 유원도의 의견을 좇아 드디어 궁궐을 지었다. 인하여 백주에 행차하여 중흥궐(中興闕)에 들어가 대화전(大化殿)에서 조하(朝賀)를 받았다. 유적지는 토산 서남쪽 들언덕에 있는데 흙으로 쌓은 궁성이 있다〉

거압산(居鴨山)〈읍치로부터 남쪽 13리에 있다〉

비봉산(飛鳳山)〈읍치로부터 동쪽 10리에 있다〉

대이산(大耳山)〈읍치로부터 동쪽 15리에 있다. 시산(匙山)〈남쪽 13리에 있다〉

고정산(高頂山)〈읍치로부터 남쪽 20리에 있다〉

미라산(彌羅山)〈읍치로부터 동남쪽 30리에 있으며 벽란도(碧瀾渡)의 머리쪽이다〉

금사산(金沙山)〈읍치로부터 서북쪽 40리에 있다〉

용박산(龍縛山)〈읍치로부터 서쪽 30리에 있다. 이 2산은 연안과의 경계이다〉

천배산(天拜山)〈읍치로부터 남쪽 20리에 있다〉

「영로」(嶺路)

토선현(兎山峴)〈읍치로부터 남쪽 20리에 있으며 연안으로부터 개성대로로 통한다〉

장현(長峴)〈읍치로부터 서쪽 35리에 있으며 평산·삽교(揷橋)로 통한다〉

탄현(炭峴)〈읍치로부터 서쪽 30리에 있다〉

독현(禿峴)〈읍치로부터 서쪽 20리에 있으며 연안으로 통한다〉

귀양치(貴陽峙)〈읍치로부터 동북쪽 10리에 있다〉

광석현(廣石峴)〈읍치로부터 동북쪽 25리에 있다. 위의 두 곳은 금천(金川)과 조읍포(助邑浦)로 통한다〉

○바다〈읍치로부터 남쪽 35리에 있다. 남쪽으로는 교동(喬桐)과 마주하고 있으며, 물살이 매우 빠르고 급하다〉

예성강(禮成江)〈읍치로부터 동쪽 20리에 있고, 개성(開城)이 보인다〉

성천(星川)〈읍치로부터 서북쪽 25리에 있다. 평산(平山) 연봉산(烟峯山)에서 나와서 남쪽으로 흘러 왼쪽으로 황의산(黃衣山)을 지나 물이 금사산(金沙山)을 거쳐 성천이 되어 고려산을 지나면 물이 호계(虎溪)가 된다. 오른쪽으로는 용박산을 지나고 물이 동쪽으로 흘러서 군(郡)의 남쪽 5리에 이르면 대교포(大橋浦)가 되고, 물이 군의 동쪽 3리에 이르러 왼쪽으로 비봉산의 누교천을 지나서 동쪽 15리에 이르러 천배산의 월래천(月來川)을 지나서 사천(蛇川)이 되고, 동쪽으로 전포군(錢浦郡) 예성강으로 들어간다〉

주교천(舟橋川)〈읍치로부터 서북쪽 30리에 있다〉

호국천(護國川)〈읍치로부터 북쪽 25리에 있다. 고려산의 물을 호계라 한다〉

세이계(洗耳溪)〈읍치로부터 남쪽 1리에 있다. 치악산에서 나와 동쪽 누교천(樓橋川)으로 들어간다〉

금곡포(金谷浦)〈읍치로부터 동남쪽 25리에 있으며 전포(錢浦)의 하류이다〉

대학포(大鶴浦)〈동북쪽 20리에 있다〉

우피포(牛皮浦)〈읍치로부터 남쪽 30리에 있다〉

신포(新浦)〈읍치로부터 남쪽 35리에 있으며 연안과의 경계이다〉

소정(疎井)〈읍치로부터 동쪽 10리에 있으며 물이 석혈(石穴)에서 나와서 곽전(藿田)으로

끌어들인다〉

대교온정(大橋溫井)〈읍치로부터 남쪽 5리에 있다〉

전점온정(氈岾溫井)〈읍치로부터 남쪽 25리에 있다〉

『성지』(城池)

읍성(邑城)〈다만 옛터만 있다〉

치악고성(雉岳古城)〈사면이 험준하고 성안은 가히 1000자쯤 된다. 샘의 근원이 넓고 크다. 성 둘레가 12,600자이다〉

미륵산고성(彌勒山古城)·강서사성(江西寺城)〈모두 옛터가 있다〉

『봉수』(烽燧)

미라산(彌羅山)〈고성(古城) 안에 있다〉

봉재산(鳳在山)〈모두 위를 보라〉

『창고』(倉庫)

읍창(邑倉)

금곡창(金谷倉)〈금곡포(金谷浦)에 있다. 해주·연안(延安)·배천·풍천·신천·문화·장연(長淵)·장련(長連)·강령·옹진·송화·은율 12지역의 전세(田稅)와 조(漕)가 경사(京師)에 이르기까지 우수운판관(右水運判官)이 관리한다. 효종 6년(1655)에 옛 강음(江陰)의 조읍포(助邑浦)로 이설(移設)하였다. 숙종 39년(1713)에 혁파하여 다만 평산(平山)의 세곡(稅穀)만 운송한다〉

해창(海倉)〈금곡조창(金谷漕倉)의 옛터에 있다〉

향창(餉倉)〈개성(開城) 여현진(礪峴鎭)에 있다〉

【목장(牧場)〈고려 때 보천장(報川場)을 설치하였으니 지금의 각산(角山)이다】

『역참』(驛站)

금곡역〈동남쪽 25리에 있다〉

『진도』(津渡)

벽란도(碧瀾渡)〈읍치로부터 동남쪽 30리에 있으며 황해우도에서 서울로 통하는 대로(大路)이다〉

이포진(梨浦津)〈읍치로부터 동쪽 20리에 있고 여현으로 통한다〉

전포진(錢浦津)〈읍치로부터 동쪽 25리에 있고 개성대로로 통한다〉

각산진(角山津)〈읍치로부터 남쪽 40리에 있고 연안과의 경계이다. 남쪽으로 교동(喬桐)과 통한다〉

사천진(蛇川津)〈작은 진이다〉

『교량』(橋梁)

주교(舟橋)·누교(樓橋)·대교(大橋)·해교(蟹橋)〈대교천(大橋川) 옛 자리에 있다. 산수(山水)조에 상세하다〉

『토산』(土産)

붕어[즉어(鯽魚)]·숭어[수어(秀魚)]·위어(葦魚)·농오[노어(鱸魚)]·게[해(蟹)]·마늘[산(蒜)]·배[이(梨)]

『장시』(場市)

읍내장은 1일·6일이고, 성두리(城頭里)장은 2일·7일이며, 토산(兎山)장은 3일·8일이다.

『사원』(祠院)

문회서원(文會書院)〈선조 병오년(1606)에 중건하였다. 인조 무신년(1608)에 사액받았으며 숙종 경신년(1680)에 동사(東祠)와 서사(西祠)를 건축하였다. 무인년(1698)에 거듭 사액을 받았으며, 두 차례 모두 어필(御筆)을 갖추었다. 병오년(1726)에 중건할 때 주지번(朱之蕃)의 글씨를 청하여 액자를 썼다〉에서 이이(李珥)·성혼(成渾)〈모두 문묘에 보인다〉·조헌(趙憲)〈김포(金浦)에 보인다〉·박세채(朴世采)〈문묘에 보인다. ○이상은 서사(西祠)에 모신다〉·안당(安瑭)〈자는 언보(彦寶)이고 순흥 사람이다. 중종 신사년(1521)에 화(禍)를 입었으며 관직은 좌의정에 올랐고 시호는 정민(貞愍)이다〉·신응시(辛應時)〈자는 군망(君望)이며 호는 백록(白麓)

이며 영월(寧越) 사람이다. 관직은 부제학이며 이조판서에 증직되었다. 시호는 문장(文莊)이다〉·오억령(鳴億齡)〈자는 대년(大年)이고 호는 만취(晚翠)이다. 동복(同福) 사람이다. 관직은 우참찬이며 시호는 문숙(文肅)이다〉·김덕함(金德咸)〈사천(泗川)에 보인다. ○이상은 동사(東祠)에 모신다〉을 모신다.

『누정』(樓亭)

용심정(龍心亭)이 있다.

『전고』(典故)

고려 태조 15년(932)에 견훤(甄萱)이 해군을 이끌고 예성강에 침입해 와서 염주(鹽州)·백주(白州)·정주(貞州)의 3주의 선박 100척을 불태우고 저산도(猪山島)〈즉 각산(角山)이다〉의 목마 300필을 빼앗아 돌아갔다. 현종(顯宗) 22년(1031)에 왕이 백주에 행차하였다.〈장차 해주로 가려고 하였다〉 충숙왕 15년(1328)에 왕이 내수(內豎)들을 거느리고 서해도에서 사냥하고 또 백주로 행차하였다.〈전에 누차 갔었다〉 충숙왕 16년(1329)에 백주 반야사(般若寺)에 행차하였고 충숙왕 후7년(1338)에 백주 등암사(燈巖寺)〈천등산(天燈山)에 있다〉에 행차하였다. 공민왕 21년(1372)에 왜(倭)가 백주 금곡역을 침략하였다.

5. 금천군(金川郡)

『연혁』(沿革)

본래 백제의 수지의(首知衣)인데 후에 우잠(牛岑)이라 고쳤다.〈일명 우령(牛嶺)이라 한다〉 아신왕(阿莘王) 때 고구려에 빼앗겼다. 신라 경덕왕 16년(757)에 우봉군(牛峯郡)으로 고쳐〈영현(領縣)은 3곳이니 장단(長湍)·임강(臨江)·임해(臨海)이다〉 한주(漢州)에 예속시켰다. 고려 현종 9년(1018)에 평주에 속하였다. 문종 16년(1062)에 개성부에 예속되었고 예종 원년(1106)에 감무를 두었다. 조선 태조 4년(1395)에 현령으로 오르고〈태종 13년(1413)에 경기로부터 황해도로 예속되어 왔다〉 효종 2년(1651)에 강음현(江陰縣)을 병합시켜 금천군으로 올리고 오조천(吾早川)의 남쪽에 읍치를 세웠다. 숙종 4년(1678)에 저탄의 남쪽으로 읍치를 옮겼고 영조 29년(1753)에 오조천 남쪽으로 다시 옮겼다.〈지금은 구금천이라 칭하며 지금의 읍치로부터 북쪽 30리 거리이다〉후에 또 저탄의 남쪽으로 옮겼다.〈우봉의 옛 읍치는 동북쪽 15리에 있다〉

「읍호」(邑號)

삼주(三州)·잠성(岑城)〈모두 우봉(牛峯) 때의 옛 이름이다〉

「관원」(官員)

군수(郡守) 1원〈해주진관 병마동첨절제사를 겸한다〉

『고읍』(古邑)

강음(江陰)〈읍치로부터 서쪽 20리에 있다. 본래 고구려 굴어압(屈於押)이었는데 후에 굴압(屈押)이라 고쳤다. 신라 경덕왕 16년(757)에 강서(江西) 혹은 강음이라 고쳤는데 송악군의 영현(領縣)이 되었다. 고려 태조 23년(940)에 강음으로 고치고 현종 9년(1018)에 개성현에 속하게 하고 상서도성(尙書都省)에 직속시켰다. 문종 16년(1062)에 개성부(開城府)에 예속시키고 인종 21년(1143)에 감무(監務)를 두고 경기우도에 예속시켰다. 조선 태종 13년(1413)에 현감(縣監)으로 고치고 경기도로부터 황해도로 예속시키고 효종 2년(1651)에 병합하였다. ○읍호는 화산(花山)이다〉

『방면』(坊面)

군내면(郡內面)〈읍치로부터 10리에 끝난다〉

현내면(縣內面)〈읍치로부터 동쪽 20리에 있다〉

합탄면(蛤灘面)〈읍치로부터 동북쪽 40리에 있다〉

귀이동(貴耳洞)〈읍치로부터 동쪽 30리에 있다〉

백빈면(白蘋面)〈읍치로부터 북쪽 30리에 있다〉

호현면(好賢面)〈읍치로부터 북쪽 50리에 있다〉

오조천(吾早川面)〈읍치로부터 남쪽 30리에 있다〉

도화곡(桃花谷面)〈읍치로부터 북쪽 60리에 있다〉

구수산면(九水山面)〈읍치로부터 동쪽 50리에 있다〉

강북면(江北面)〈읍치로부터 서쪽 30리에 있다〉

강동면(江東面)〈읍치로부터 남쪽 15리에 있다〉

강서면(江西面)〈읍치로부터 서쪽 35리에 있다〉

강남(江南面)〈읍치로부터 남쪽 30리에 있다〉

산외면(山外面)〈읍치로부터 서쪽 50리에 있다. 위의 5면은 강음현 땅이다〉

【고현면(古縣面)은 읍치로부터 북쪽 35리에 있다】

○대남면(大南面)과 소남면(小南面)은 순조(純祖) 계미년(1823)에 분할하여 개성에 속하게 하였다. ○식점처(食岾處)는 강음의 남쪽 30리에 있고 우현소(牛峴所)는 우봉(牛峯)의 남쪽 45리에 있다〉

『산수』(山水)

수룡산(首龍山)〈읍치로부터 동쪽 50리에 있다. 개성(開城)조에 상세하다〉

춘명산(春明山)〈읍치로부터 남쪽 30리에 있는데 구금천의 남쪽이다〉

기산(箕山)〈읍치로부터 동쪽 10리에 있다〉

대둔산(大芚山)〈읍치로부터 동쪽 30리에 있다. 개성과의 경계이다〉

천신산(天神山)〈읍치로부터 서쪽 20리에 있는데 옛 강음의 진산(鎭山)이다〉

고성산(古城山)〈읍치로부터 남쪽 20리에 있다〉

학봉산(鶴峯山)〈읍치로부터 동북쪽 60리에 있다. 신계·토산 양 읍은 땅이 길게 이어지며 매우 넓고 계곡도 그윽하고 깊다〉

장굴산(長屈山)〈읍치로부터 북쪽 20리에 있다〉

웅덕산(雄德山)〈읍치로부터 북쪽 60리에 있다〉

북정산(北鼎山)〈읍치로부터 북쪽 30리에 있다〉

미산(眉山)〈읍치로부터 동북쪽 30리에 있다〉

광복산(廣福山)〈읍치로부터 남쪽 5리에 있다〉

용두산(龍頭山)〈읍치로부터 서남쪽 30리에 있는데 강서면에 위치해 있다〉

「영로」(嶺路)

백치(白峙)〈읍치로부터 동쪽으로 50리에 있다. 옛 이름은 백계현(白界峴)이었는데 신라와 고려 때 평산(平山)의 전우봉(田牛峯)으로부터 북현을 넘으면 곧바로 임강과 적성대로로 통하니 극히 요해처이다〉

나복실령(蘿葍實嶺)〈읍치로부터 동쪽 45리에 있는데 샛길이 매우 깊다〉

만이현(晩爾峴)〈동로(東路)이다〉

관음점(觀音岾)·압점(鴨岾)〈모두 서북쪽에 있다〉

청석현(靑石峴)〈북로이다〉

후문령(後門嶺)·금자문령(金資文嶺)

【무릉동(武陵洞)과 피북동(避北洞)은 모두 수룡산(首龍山)의 북쪽에 있다. 쌍봉동(雙鳳洞)은 강서면에 있다】

○저탄(猪灘)〈백제 때 패수(浿水)라고도 칭하였는데 고구려와 백제가 서로 싸우던 땅이다. 그 아래에는 이르기를 기탄(岐灘) 평산(平山)은 사매천(賜每川)의 냇물이 모여 흘러드는 곳이라 하였고, 그 아래에는 이르기를 마탄(馬灘)은 조읍포(助邑浦)로 통하는 사잇길이라고 하였고, 그 아래에 이르기를 조읍포는 옛 강음현 땅으로 극히 요해처가 되니 마땅히 위험을 막는 곳이라고 하였다〉

원중천(元中川)〈물의 근원은 수룡산에서 나와서 북으로 흘러 합탄이 된다. 용암(龍岩)을 거쳐 무릉동천을 지나 토산의 비천(飛川)이 되어 서쪽으로 흘러 우봉의 북쪽을 거쳐 원중천이 되어 평산의 전탄(荊灘)으로 들어간다〉

오조천(吾早川)〈물의 근원은 성거산(聖居山)에서 나와 서쪽으로 흘러 고연담(姑淵潭)의 박연폭포(朴淵瀑布)가 되어 도암(島岩)을 거쳐 서북쪽으로 흘러 나복실령의 물과 만나 군(郡)의 남쪽을 경유하여 저탄으로 들어간다. ○연안에는 돌이 비스듬하게 있는데 마치 산봉우리 같다. 그 높이가 10길[장{丈}]이 넘는데 매우 심히 기이(奇異)하고 위엄이 있다〉

청석동천(靑石洞川)〈원류는 송악에서 나와서 북쪽으로 흘러 청석동으로 나와서 구금천의 북쪽에 이르러 성거산(聖居山)의 물과 만나 조읍포(助邑浦)로 들어가 아래로 흐른다〉

소청동천(小淸洞川)〈강서면에 있다. 백주의 황의산(黃衣山)에서 나와 동쪽으로 흘러 쌍봉동을 거쳐 조읍포의 남쪽으로 들어간다〉

겸청포(兼靑浦)〈조읍포의 아래 서쪽 연안에 있다〉

산수(酸水)〈강음의 동북쪽 12리에 있으며 남쪽으로 기탄(岐灘)과 거리가 6리이다〉

【제언(堤堰)이 3개 있다】

『성지』(城池)

광성(廣城)〈북정산(北鼎山)에 있으며 둘레는 5리이고 평산에서부터 토산대로(兎山大路)

의 중심으로 통한다〉

백계현 고성(白界峴古城)〈둘레는 3,463자이다〉

고성(古城)〈고성산에 있으니 옛 터만 남아 있다〉

신라 효소왕(孝照王) 3년(694)에 우잠성(牛岑城)을 축성하였다.

『진보』(鎭堡)

{원전에 내용 없음}

「혁폐」(革廢)

탈이곡보(脫彌谷堡)〈강음의 동쪽 30리에 있다. 금교(金郊)에서부터 흥의(興衣)에 까지 산이 높고 골짜기가 깊어 도적이 모여 진을 치고 있다. 대낮에도 살인과 약탈을 하여 다닐 수가 없어서 중종 5년(1510)에 병영을 설치하여 수비하였다가 후에 폐하였다〉

『봉수』(烽燧)

고성산(古城山)〈고성(古城) 안에 있다〉

『창고』(倉庫)

읍창·조읍포창〈옛적에는 황주·서흥·평산·봉산·곡산·수안·안악·재령·신계·토산·우봉·강음의 전12읍 세곡(稅穀)의 조운을 우수운판관(右水運判官)이 관리하였다. 숙종 계사년(1713)에 혁파하고 다만 본군의 세곡만 운반하였다〉

우봉창〈옛 우봉에 있다〉

산성창(山城倉)〈대흥산성에 있다〉

『역참』(驛站)

흥의역(興義驛)〈군치(郡治)에서 남쪽 15리에 있다. 옛적에는 임패(臨浿)라 하기도 하고 또는 영만(迎灣)이라 하기도 하였다. 고려 현종 때 흥의로 고쳤다〉

금교역(金郊驛)〈강음의 동남쪽 30리에 있고, 개성의 북쪽 30리에 있다. 고려 때 금교도라 하였고 금천(金川)에 읍을 설치한 후에 평산의 보산역(寶山驛)에 찰방(察訪)을 설치하였다가 곧 본 역을 폐하였다〉

옥지역(玉地驛)〈위의 두 역은 강음과 연결된다〉

안신역(安信驛)·백원역(白原驛)〈위의 2역은 우봉과 연결된다〉

「기발」(騎撥)

병묵기참(餠墨岐站)·관문참(官門站)

『목장』(牧場)

{원전에 내용 없음}

「혁폐」(革廢)

강음장〈고려 때 설치하였고 조선에서 폐지하였다〉

『진도』(津渡)

저탄진(猪灘津)〈읍치로부터 서북쪽 5리에 있는데 평산대로로 통한다. 겨울에는 다리를 이용하고 여름에는 배를 이용한다〉

마탄진(馬灘津)〈읍치로부터 서남쪽 10리에 있는데 조읍포로 가는 샛길로 통한다〉

조읍포진〈읍치로부터 서남쪽 22리에 있는데 동남쪽으로 개성과 백주로 통하며 서쪽으로는 해주로 통하고 서북쪽으로는 재령으로 통하니 황해도의 요충지이다〉

『토산』(土産)

지치[자초(紫草)]·송이버섯[송심(松蕈)]·석이버섯[석심(石蕈)]·철(鐵)·비석돌[비석(碑石)]·청려석(靑礪石)·석회(石灰)·벌꿀[봉밀(蜂蜜)]·숭어[수어(秀魚)]·위어(葦魚)·잉어[이어(鯉魚)]·산달(山獺)·수달(水獺)

『장시』(場市)

읍내장은 4일·9일이고, 구읍촌장(舊邑村場)은 3일·8일이며, 고강음장(古江陰場)은 5일·10일이다.

『사원』(祠院)

민충사(愍忠祠)〈숙종 갑술년(20년, 1694)에 건축하고 임진년(38년, 1772)에 사액하였다〉

에서는 이중로(李重老)〈자는 진지(鎭之)이고 호는 송재(松齋)이다. 청해 사람이며 관직은 훈련도감 청흥군(靑興君)에 올랐으며 좌의정에 증직(贈職)되었다. 시호는 충장(忠莊)이다〉·이성부(李聖符)〈자는 존중(存中)이며 전주 사람이다. 관직은 훈련도감 도정(都正) 우방어사(右防禦使)를 지냈으며 병조판서에 증직되었다. 시호는 충장(忠壯)이다〉·박영신(朴榮臣)〈자는 인보(仁輔)이고 밀양 사람이다. 풍천부사(豊川府使)로서 기탄(岐灘)의 수령이 되었으며 관직은 오위장을 지내고 병조판서에 증직되었다〉·이사주(李師朱)〈전주 사람이며 부체찰사 군관(副體察使 軍官)이다. 관직은 이천부사(伊川府使) 우방어사(右防禦使)를 지냈으며 병조판서에 증직되었다〉·윤정준(尹廷俊)〈자는 수백(秀伯)이고 파평 사람이다. 인조 정묘년(1627)에 옹진부사로서 전사(戰死)하여 병조판서에 추증되었으며 시호는 충민(忠愍)이다〉·권호원(權浩源)〈관직은 훈국(訓局: 훈련도감/역자주)의 초관(哨官)이며 병조참의(兵曹參議)에 추증되었다〉·장면(張緬)〈덕수(德水) 사람이며 관직은 훈련도감의 초관(哨官)이었으며 병조참의에 추증되었다〉·방흡(方潝)〈관직은 판관 우방어사 군관(判官右防禦使軍官)이다. 이상은 갑자년의 이괄의 난 때 전사하였다〉을 제사지낸다.

『전고』(典故)

신라 문무왕 13년(673)에 당나라 병사가 고구려를 공략하였을 때 우잠성(牛岑城)이 항복하였다. 원성왕 2년(786)에 대사(大舍) 무오(武烏)가 '병법'(兵法) 15권과 '화령도'(花鈴圖) 2권을 바쳤는데 굴압(屈押) 현령에게 주었다. ○고려 현종 10년(1019)에 강감찬(姜邯贊)이 거란병을 패퇴시키고 개선(凱旋)하여 돌아오자 왕이 친히 영피역(迎波驛)에서 영접하고 흥의역(興義驛)이라고 고쳤다. 숙종 7년(1102)에 왕이 서경에서부터 돌아올 때 임패역(臨浿驛)에 들렀다. 고종 3년(1216)에 금산(金山)의 군사가 염주(鹽州)·백주(白州)에 이르자 원수 정숙첨(鄭叔瞻)이 평주(平州)에 가서 흥의·금교 양 역(兩驛) 사이에서 물러나 주둔하다가 다시 국청사(國淸寺)에 물러나 있었다. 부원수(副元帥) 조충(趙冲) 등이 염주에서 군사를 움직이자 적병(賊兵)이 숨어 달아났다. 고종 4년(1217)에 금산(金山)의 군대 5,000명이 금교역(金郊驛)에 이르러서 또 우봉현을 공격하였다. 고종 40년(1253) 8월에 교위(校尉) 대금취(大金就)가 우봉의 별초(別抄: 고려시대의 특수부대로서 좌별초 우별초를 말함/역자주) 군대 30여명을 이끌고 몽고 병사와 금교와 흥의 사이에서 싸웠는데, 여러 명을 참수(斬首)하고 말과 궁시(弓矢), 전구(氈裘) 등의 물건을 노획하였다. 몽고 군대는 서해도를 함락하고 산성(山城)을 약탈하였다. 충렬왕 8년(1282)에 왕이 저탄에서 사냥하였다. 11년에 왕이 금교에서 사냥하였다. 충혜왕 원년 (1331)에 강음현에서 사냥하였다. 충혜왕 후3년(1342)에 강음에서 사냥하였다. 공민왕 10년 (1361)에 홍건적의 선봉이 흥의역에 이르렀다. 우왕 7년(1381)에 강음에서 사냥하였다. 우왕 10년(1384)에 원중포(元中浦)에서 사냥하였다. 조선 태종 10년(1410) 겨울에 황해도에서 강무(講武)하였는데 강음현에 갔을 때 천둥과 번개가 치고 우박이 내려 말 2필이 벼락을 맞았다. 왕은 강음에서 철수하고 돌아와 목촌(木村)에 이르렀는데 하늘이 드디어 개었다.〈'국조보감' (國朝寶鑑)에 있다〉 인조 원년(1623) 5월에 장만(張晩)을 도원수 개부평양(都元帥 開府平壤) 으로 삼고 이괄(李适)을 평안병사 겸부원수 개부영변(平安兵使 兼附元帥 開府寧邊)으로 삼았 는데 다음해 정월 이괄이 구성부사(龜城府使) 한명련(韓明璉)과 더불어 군사를 일으켜 반역을 도모하였다. 수만명을 거느리고 항왜(降倭: 투항한 왜인/역자주) 300인으로써 전도(前導)로 삼고 사잇길을 따라서 개천(价川)·장구(長驅)로 향하여 수안(遂安)을 거쳐 저탄에 이르렀다. 청흥군(淸興君) 이중로(李重老)를 양서순변사(兩西巡邊使) 경기강원방어사(京畿江原防禦使) 로 특별히 제수(除授)하였다. 박영신(朴榮臣) 등과 저탄(猪灘)을 지켜 힘써 싸우다가 모두 순 직하였다.

6. 장연현(長淵縣)

『역참』(驛站)

본래 고구려의 장연(長淵)〈읍으로써 용연(龍淵)이 있었으므로 그것으로 이름하였다〉 신라 경덕왕 16년(757)에 폭지군(瀑池郡)의 영현이 되었다. 고려 현종 9년(1018)에 옹진 (瓮津)에 소속시켰다. 예종(睿宗) 원년(1106)에는 감무(監務)를 설치하였고 조선 태조 원년 (1392)에 만호(萬戶)를 두어 감무를 겸하게 하였다. 태종 2년(1402)에 진(鎭)을 두어서 병 마사(兵馬使)와 판현사(判縣事)를 겸하게 하였고 후에 영강현(永康縣)을 합쳐서 연강(淵 康)이라 칭하다가 곧 나누었다. 세종 5년(1423)에 고쳐서 첨절제사(僉節制使)로 삼고 후에 현감(縣監)으로 고쳤다. 광해군 계해년(1623)에 도호부(都護府)로 승격시켰다. 영조 40년 (1764)에 현감으로 내리고〈왕제둔(汪濟屯)의 백성이 둔감(屯監)인 김상념(金相念)을 죽여 매장하였기 때문이다〉 영조 44년(1768)에 수군영장(水軍營將)을 겸하게 하였다.〈장산(長

山) 이남의 5읍과 3진(鎭)의 수군을 분조(分操)하였다〉 영조 49년(1773)에 다시 올리고 순조 25년(1825)에 현(縣)으로 내렸다.

「읍호」(邑號)

장담(長潭)

「관원」(官員)

현감(縣監)〈해주진관 병마절제도위(海州鎭管 兵馬節制都尉)와 수군영장(水軍營將)을 겸한다〉 1원이 있다.

『고읍』(古邑)

해안(海安)〈읍치로부터 서쪽 45리에 있다. 고려 때 현령(縣令)을 두었다. 우왕(禑王) 때 왜구의 침략으로 인하여 혁파하고 청송현(靑松縣)에 소속시켰다. 조선 태종 16년(1416)에 그 땅이 본읍에 넘어가 있어서 서계(西界)에 이전하여 소속시켰다〉

『방면』(坊面)

낙산방(樂山坊)〈읍치로부터 동쪽 5리에서 시작하여 30리에서 끝난다〉

목감방(牧監坊)〈읍치로부터 동남쪽 30리에서 시작하여 60리에서 끝난다〉

속달방(速達坊)〈읍치로부터 동남쪽 40리에서 시작하여 60리에서 끝난다〉

설산방(雪山坊)〈읍치로부터 서쪽 10리에서 끝난다〉

후선방(朽船坊)〈읍치로부터 동남쪽 4리에서 시작하여 50리에서 끝난다〉

남읍방(南邑坊)〈읍치로부터 남쪽 20리에서 시작하여 40리에서 끝난다. 본읍은 옛터가 불타산(佛陀山)의 남쪽에 있다〉

해안방(海安坊)〈읍치로부터 서쪽 40리에서 시작하여 90리에서 끝난다〉

순택방(蓴澤坊)〈읍치로부터 동북쪽 30리에 있다〉

신곡방(薪谷坊)〈읍치로부터 서북쪽 60리에 있다〉

추라방(秋羅坊)〈읍치로부터 서남쪽 7리에서 시작하여 40리에서 끝난다〉

동라방(冬羅坊)〈읍치로부터 서쪽 40리에서 끝난다〉

대곶방(大串坊)〈읍치로부터 남쪽 40리에서 시작하여 60리에서 끝난다〉

『산수』(山水)

두견산(杜鵑山)〈읍치로부터 서북쪽 3리에 있고 그 서남쪽 가지에는 언덕이 있는데 길이가 200여 보(步)이다. 부(府)에서의 거리가 서쪽으로 5리이다. 고개머리에는 굴이 있는데 둘레가 1길여 쯤되고 언덕의 끝에는 역시 굴이 있어 수미(首尾)가 상통한다. 사람이 횃불을 들고 들어가서 100여 보쯤 가면 물이 있는데 깊고 어두워 근원에 끝까지 갈 수가 없다. 용혈(龍穴)이라고 한다〉

괴림산(槐林山)〈읍치로부터 서쪽 20리에 있다. ○ 학서사(鶴棲寺)가 있다〉

오반산(五盤山)〈읍치로부터 동남쪽 40리에 있다〉

석봉산〈石峯山)〈읍치로부터 동남쪽 60리에 있다〉

불타산(佛陀山)〈읍치로부터 남쪽 20리에 있는데 미록(麋鹿: 사슴/역자주)이 많다. ○천불사(千佛寺)·임해사(臨海寺)가 있다〉

박석산(磚石山)〈읍치로부터 동북쪽 20리에 있는데 풍천(豐川)·송화(松禾) 양 읍의 경계에 있다〉

극락산(極樂山)〈읍치로부터 동남쪽 30리에 있다〉

속달산(速達山)〈읍치로부터 동남쪽 50리에 있다〉

미라산(彌羅山)〈읍치로부터 서쪽 50리에 해변에 있다. ○금사사(金沙寺)는 산의 서쪽 해안에 있는데 건물이 장려하다. 백사장의 길이는 7,8리쯤 되고 넓이는 3,4리이다. 서쪽에는 비로봉(毘盧峯)이 있고 북쪽에는 승선봉(昇仙峯)이 있는데 승선봉의 윗부분에는 사초(莎草: 바닷가 모래땅에 많이 나는 풀/역자주)가 3그루 있다. 빈해사(濱海寺) 앞에는 아랑포(阿浪浦)가 있고 서북쪽으로 수백보 거리에는 관음봉(觀音峯)이 있고 앞으로 큰 바다를 마주하고 있으며 그 왼쪽에는 향로봉(香爐峯)이 있다. ○백사정(白沙汀)의 모래는 매우 고와서 마치 금빛같다. 해가 비치면 반짝거리며 바람을 타고 흘러 조석(朝夕)으로 옮아가서 혹은 동쪽에 쌓이고 혹은 서쪽에 쌓여 좌우로 홀연히 움직이는 것이 일정하지 않다. 어린 소나무의 푸른 빛과 해당화의 붉은 빛이 서로 뒤섞여 비추인다. 남쪽에는 풀이 더부룩한 연못(순지[蓴池])이 있고 또 입죽암(立竹岩)이 있어서 마치 거인이 손을 맞잡고 서있는 것 같다. 고기잡이배와 장삿배가 그 아래 정박하는데 매년 4,5월 사이에는 중국 산동(山東) 지방의 등주(登州)와 내주(萊州)에서 고기잡이하러 오는 선박들이 매우 많다〉

현애산(懸崖山)〈읍치로부터 동쪽 30리에 있다〉

도습산(道習山)〈읍치로부터 동쪽 20리에 있다〉

소박산(小礴山)〈읍치로부터 북쪽 20리에 있는데 박석산의 서쪽 가지이다〉

청석산(靑石山)〈읍치로부터 서남쪽 50리에 있다〉

고산(孤山)〈읍치로부터 서남쪽 40리에 있다〉

장산곶(長山串)〈불타산의 서쪽 가지인데 우뚝우뚝 높이 솟은 수많은 바위봉우리들이 구름을 휘감고 이어져 바다로 들어간다. 봉우리는 비스듬히 이어지며 계곡과 골짜기는 깊고 험하여 곶의 끝에 이르게 되면 100여리가 된다. 그 뾰족한 곳에는 2개의 바위가 우뚝 솟아 수십장(丈)이나 된다. 또 바위 2개는 수중으로 들어가 있는데 이름을 염암(鹽岩)과 옹암(瓮岩)이라 한다. 조수(潮水)를 따라서 나타났다가 사라졌다가 하는데 물의 흐름이 회전하면 암초가 있어서 파도에 휩쓸릴 위험이 있다. 배가 그 사이에서 여러차례 전복(顚覆)한 일이 있었기 때문에 장산(長山) 이북의 조운(漕運)을 폐지하였다〉

대곶량(大串梁)〈읍치로부터 남쪽 60리 해변에 있다〉

신곶(薪串)〈읍치로부터 서쪽 40리에 있다〉

황학대(黃鶴臺)〈읍의 북쪽에 있다〉

「영로」(嶺路)

갈현(葛峴)〈일명 군영현(軍營縣)이라고 한다. 읍치로부터 동남쪽 50리에 있으며 해주로 통한다〉

박석현(礴石峴)〈읍치로부터 북쪽 20리에 있으며 풍천으로 통한다〉

왜성현(倭城峴)〈읍치로부터 서남쪽 15리에 있으며 조니진으로 통한다〉

갈현(碣峴)〈읍치로부터 서남쪽 50리에 있으며 오차진(吾叉鎭)으로 통한다〉

○바다〈읍치로부터 남쪽 60리에 있으며, 서쪽 40리에 있다〉

태탄(苔灘)〈읍치로부터 동남쪽 60리에 있으며 그 남쪽 해안은 해주 서별강이 된다. 해주에 상세하다. 상선(商船)이 만나는 곳이다〉

남대천(南大川)〈읍치로부터 남쪽 5리에 있는데 그 아래는 해탄(蟹灘)이 되며 송화(松禾) 수회천(水回川)에 상세하다〉

삼천(三川)〈읍치로부터 동쪽 10리에 있으며 남대천의 상류이다〉

서천(鋤川)〈읍치로부터 동쪽 25리에 있으며 송화·어천(魚川)의 아래로 흘러 삼천의 상류로 들어간다〉

용정(龍井)〈읍치로부터 서쪽 20리에 있으며 횡강(橫岡)의 남쪽에 있다. 큰 샘이 들 가운데에서 용출하여 마치 솥을 엎어놓은 것 같다. 둘레는 가히 300보인데 그 깊이는 알 수가 없다. 물의 색깔은 눈썹처럼 검고 푸르며 위태로운 연기가 돌아서 잡거나 만질 수 없다. 소산(小山)을 뚫고 나서 북쪽으로 흐르고 또 남쪽으로 흐르니 남북이 모두 큰 벌을 이루어서 물을 대는 곳이 심히 넓다〉

【제언(堤堰)은 1곳이고 동보(㖧洑: 물웅덩이/역자주)는 3곳이다】

「도서」(島嶼)

도사내도(島沙乃島)〈읍치로부터 남쪽 70리에 있다. 길이와 넓이 모두 6리이다. 서쪽으로 오차진에 이르기까지 20리이다〉

육사내도(陸沙乃島)〈읍치로부터 남쪽 60리에 있으며 길이는 5리, 넓이는 1리이며 도사내도의 동쪽에 있다〉

풍류도(風流島)〈육사내도의 동쪽에 있다〉

몽금도(夢金島)〈조니포(助泥浦)의 서쪽 5리에 있다. 한 산이 갑작스럽게 솟아서 바다에 임하여 있고 앞에는 작은 섬과 흰 모래와 기암(奇巖)이 있으니 경치가 매우 아름답고 낙조를 바라볼 수 있다〉

우돌서(牛突嶼)·인을업도(鱗乙業島)〈모두 사내도(沙乃島) 가까이에 있다〉

【귀도(龜島)는 풍류도(風流島)의 동쪽에 있다】

○화주초(火洲草)〈큰 모래 언덕이 있는데 평안도의 바닷속에서부터 계속 이어져서 전라도의 바다에 이른다. 그 끝은 헤아릴 수 없으나 대개 바다 속에 큰 산맥이 가로 퍼져 있는 것이다. 본읍의 서쪽 경계에 있는 바닷속에는 화주초(火洲草)가 있는데 초(草)란 물이 얕은 것을 말한다. 해조(海潮)가 화주초의 동쪽에 다다르면 동류(東流)가 되고, 화주초의 서쪽에 다다르면 서류(西流)가 된다. 물살이 화주초의 가까이에 오면 더욱 빨라져서 배들이 만약에 화주초의 서쪽으로 넘어 들어오려하면 중국의 등주(登州) 내주(萊州)로 많이 표류하게 된다. 화주초의 동쪽에는 조기[석수어(石首魚)]가 많이 나기 때문에 어선이 이곳에 모여든다〉

해랑도(海浪島)〈본도의 서북쪽 바다 가운데 있는데 지도에는 들어 있지 않다. 잡히는 것을 피하여 도망치거나 유이(流移)한 자들이 연달아 이어서 들어가 살면서 점차 사람들이 많이 모이게 되었다. 연산군 6년(1500)에 이점(李岾)과 전림(田霖)을 보내 섬 안을 수색하게 하니 도내에 요동(遼東) 사람 64인과 본국인 48인이 있었다. 그 후에 난을 일으키려 하는 도적들이

이 섬에 몰래 들어와서 나무하고 물긷고 살다가 순풍을 기다려 양서(兩西: 평안도와 황해도/역자주)와 양호(兩湖: 충청도와 전라도)에 출몰하였다. 조정에서 백령도(白翎島) 안흥량(安興梁)에 진(鎭)을 설치하여 대비하자 그 화가 조금 수그러들었다. 광해군 6년(1614)에 또 해랑도(海浪島)를 수색하였다〉

『성지』(城池)

읍성(邑城)〈둘레는 5,725척이고 우물은 3개이다〉

고읍성(古邑城)〈읍치로부터 남쪽 30리에 있으며 유지(遺址)가 있다〉

두견산 고성(杜鵑山 古城)〈둘레는 3,288자이다〉

고행성(古行城)〈불타산 위로부터 장산곶(長山串)까지 산등성이를 따라 돌로 쌓기도 하고 흙으로 쌓기도 하였는데, 가끔씩 옛 터가 있다〉

웅심리 목책(熊沈里 木柵)〈읍치로부터 서쪽 30리에 옛날에 있었다〉

『진보』(鎭堡)

오차포진(吾叉浦鎭)〈읍치로부터 서남쪽 70리 장산곶의 남쪽에 있다. 옛적에는 대곶량 해변 서쪽에 있었는데 지금의 진과 25리 떨어져 있다. 서쪽으로 백령진이 70리 거리이고 동쪽으로 도사내도(島沙乃島)와는 20리 거리이며 무수룡포(舞睡龍浦)와는 35리 거리이다. ○수군동첨절제사(水軍同僉節制使) 1원(員)이 있다〉

조니포진(助泥浦鎭)〈읍치로부터 서쪽으로 60리에 있으며 장산곶의 북쪽에 있다. 북쪽으로 금사(金沙)와의 거리가 20리이고 남쪽으로 오차(吾叉)와의 거리가 20리이며 동쪽으로 용정과의 거리가 40리이다. 옛적에 별장(別將)이 있었다. 숙종 37년(1711)에 아랑포 만호(阿郎浦萬戶)로 합하여졌다. ○수군 만호(水軍 萬戶) 1원이 있다〉

금사사보(金沙寺堡)〈승장(僧將) 1원이 있다〉

「혁폐」(革廢)

아랑포진(阿郎浦鎭)〈읍치로부터 서쪽 45리에 있었고 금사사와의 거리가 13리이다. 옛날에 수군만호가 있었는데 조니진으로 옮겼다〉

○추포방소(追捕防所)〈무수룡포(舞睡龍浦)는 읍치로부터 남쪽 65리에 있고, 동령포(東令浦)는 읍치로부터 서북쪽 55리에 있으며 쾌암포(快岩浦)는 서쪽 50리에 있다. 오차포·조니

포·백령포 이 6곳은 추포무사가 있다. ○오차포·백령도·도사내도에는 모두 높은 곳에서 적의 동태를 관찰하는 장수와 병졸이 있다〉

적의 동태를 관찰하는 요망처(瞭望處)는 24처이다.

『봉수』(烽燧)

대곶(大串)·청석산(靑石山)·미라산(彌羅山)·송독(松纛)〈읍치로부터 서쪽 40리에 있다〉· 올곶(兀串)〈읍치로부터 서쪽 60리에 있다〉

『창고』(倉庫)

읍창(邑倉)·관창(管倉)〈대곶〉·동창(東倉)〈읍치로부터 동남쪽 50리에 있다〉·남창(南倉) 〈읍치로부터 남쪽 60리에 있다〉·사창(社倉)〈읍치로부터 서쪽 20리에 있다〉·북창(北倉)〈읍치 로부터 서쪽 30리에 있다〉·왕제둔창(汪濟屯倉)

『역참』(驛站)

신행역(新行驛)〈읍치로부터 동쪽 5리에 있다〉

금동역(金洞驛)〈읍치로부터 동쪽 45리에 있는데 곧 영강현(永康縣)의 고지(古址)이 다〉【송전(松田)은 2곳이 있다】

『토산』(土産)

철(鐵)·게[해(蟹)]·조개[합(蛤)]·누(螻)·오분자기[복(鰒)] 등 외에 어물 10여종이 있다. 소금·벌꿀[봉밀(蜂蜜)]·녹용(鹿茸)·청각(靑角)·황각(黃角)·미역[곽(藿)]·사곽(絲藿)·세모 (細毛)·해삼(海蔘)·홍합(紅蛤)·해방풍(海防風)〈금모래 가운데서 나온다〉·벼룻돌[연석(硯 石)]〈장산곶 바닷속에서 나온다〉

『장시』(場市)

읍장(邑場)은 5일·10일이고, 동창(東倉)장은 4일·9일이며, 포두원(浦頭院)장은 2일·7일 이다.

『사원』(祠院)

용암서원(龍岩書院)〈숙종 기축년(1709)에 건립하였고 경종(景宗) 신축년(1721)에 사액받았다〉에서 주자(朱子)와 이이(李珥)〈모두 문묘에 보인다〉를 제향(祭享)한다.

『누정』(樓亭)

망일루(望日樓)와 감은사(感恩寺)가 있다.

『전고』(典故)

고려 공민왕 7년(1358)에 왜구가 400여척으로 오차포를 침노하였는데 최영이 복병을 마련하여 싸워서 이겼다. 우왕 3년(1377)에 왜(倭)가 영강(永康)·장연(長淵)에 쳐들어왔다. 우왕 10년(1384)에 왜가 장연현(長淵縣)에 쳐들어오자 서해도(西海道) 상원수(上元帥) 왕승보(王承寶)가 싸웠으나 패(敗)하였다〉

「백령도진」(白翎島鎭)

본래 곡도(鵠島)이었는데 신라 경덕왕(景德王) 16년(757)에 폭지군(瀑池郡)의 영현(領縣)이 되었고 고려 태조 때 백령(白翎)이라고 고쳤다. 고려 현종(顯宗) 9년(1018)에 진(鎭)으로 하고 장군(將軍)을 두었다. 공민왕(恭愍王) 6년(1357)에 수로가 험난하기 때문에 뭍으로 나와서 문화현(文化縣)의 갈산(乫山)에 거주하도록 하고 땅이 좁기 때문에 진(鎭)을 폐(廢)하였다. 조선에 들어와 세종 10년(1428)에 이 섬을 영강현(永康縣)에 합하였고, 광해군 원년(1609)에 진을 설치하였다.〈수군 5진을 관할한다〉

「관원」(官員)

수군첨절제사(水軍僉節制使)〈감목관(監牧官)을 겸한다〉 1원(員)이 있다.

○백령도〈장산곶의 서쪽바다 가운데 있으며 수로(水路)로 70리이다. 동서의 길이는 50여리이고 남북의 길이는 40여리이며 둘레를 도는데 3일이 걸린다. 섬 안에 큰 항구가 있는데 심은포(深隱浦)라 하며 길이는 거의 20리이다. 또 염수포(鹽水浦)가 있는데 길이가 가히 몇 리쯤 된다. 두 곳은 모두 소금을 굽는다. 토지는 비옥하고 항구의 동쪽에는 옛 읍의 터와 창고 터가 있다. 항구의 남쪽에는 옛날 역(驛) 터가 있다. 섬의 모양은 가운데가 옴폭 들어가 있는데 4곳의 옴폭 들어간 곳(凹)에는 돈대(墩臺)를 설치하여 서로 마주보는데 장애가 없으므로 장산곶과 더불어 나란히 해방(海防)의 요충이 된다. 맑은 날이면 높은 곳에 올라 등주(登州) 내주(萊

州)의 여러 섬들을 바라볼 수 있다. 등주(登州) 내주(萊州)의 고기잡이 선박이 반드시 먼저 이곳에 도착한다〉

대청도(大靑島)〈백령도의 동남쪽에 있고 둘레는 40리이다〉

소청도(小靑島)〈대청도의 동남쪽이 있고 둘레는 20여리이다〉

【송봉산(松封山)은 1곳이다】

○추포방소(追捕防所)와 높은 곳에서 적의 동태를 살피는 요망처는 각기 1곳이 있고 목장도 1곳 있다.

○적기생(赤寄生)〈본도와 대청도에서 난다〉 매[응(鷹)]·전복·해삼 등 어물은 장연(長淵)의 생산과 같다.

○각양의 전선(戰船) 7척이 있다.

○고려 태조 15년(932)에 견훤(甄萱)과 해군장군 상애(尙哀) 등이 대우도(大牛島)를 공략하였다.〈상세한 것은 알 수 없다〉 유검필(庾黔弼)이 그 때 곡도(鵠島)의 유배지에 있었는데 본도 및 포을도(包乙島)〈청도(靑島)이다〉의 장정을 선발하고 또 전함을 수리하여 적을 방어하였다. 충렬왕(忠烈王) 2년(1276)에 원나라에서 적당(賊黨)인 탑야속(塔也速)을 백령도(白翎島)에 유배 보내었다. 충렬왕 6년(1280)에 원나라가 왕제의 조카인 애아적(愛牙赤)을 대청도에 유배보냈다가 다음해에 소환하였다. 충숙왕(忠肅王) 4(1317)년에 원나라가 위왕(魏王) 아목가(阿木哥)를 탐라에 유배보내고 충숙왕 6년(1319)에 대청도로 옮겼다가 10년에 소환하였다. 충숙왕 11년(1324)에 원나라가 발랄태자(孛剌太子)를 대청도에 유배보내었다가 16년에 소환하였다. 충숙왕 17년(1330)에 원나라가 명종태자(明宗太子) 타환첩목이(妥懽帖睦爾)〈원나라 순제(順帝)이다〉를 대청도에 유배보냈다가 충혜왕(忠惠王) 원년(1331)에 소환하였다.〈섬 안에 거주하던 집터가 아직도 남아있다〉

7. 송화현(松禾縣)

『연혁』(沿革)

본래 고구려의 마경이(麻耕伊)였으나 신라 경덕왕 16년(757)에 청송(靑松)으로 고쳐〈옛터가 동쪽으로 12리에 있다〉 양악군(楊岳郡)의 영현(領縣)으로 삼았다. 고려 현종 9년(1018)

에 풍주(豊州)에 속하였고 예종 원년(1106)에 감무(監務)를 두었다. 조선 태종 8년(1408)에 가화(嘉禾)를 병합하여 송화(松禾)라 칭하였고 13년에 현감으로 고쳤다.

「관원」(官員)

현감(縣監)〈해조진관 병마절제도위(海州鎭管 兵馬節制都尉)를 겸한다〉 1원이 있다.

『고읍』(古邑)

가화(嘉禾)〈읍치로부터 동남쪽 50리에 있다. 본래 고구려의 판마곶(板麻串)이었다가 신라 경덕왕 16년(757)에 가화로 고쳐 중반현(重盤郡)의 영현이 되었다. 고려 현종 9년(1018)에 풍주(豊州)에 속하였고 예종 원년(1106)에 감무(監務)를 두었다. 조선 태종 8년(1408)에 송화에 속하게 되었다〉

영령(永寧)〈읍치로부터 남쪽 30리에 있다. 본래 고구려의 웅한이(熊閑伊)였는데 신라 경덕왕 16년(757)에 영령이라 고쳐 중반군의 영현이 되었다. 고려 현종 9년(1018)에 풍주(豊州)에 속하였다가 후에 신주(信州)로 이속시켰다. 조선 태조 5년(1396)에 가화(嘉禾)로 이속시켰다.

○영령(永翎)이 가화(嘉禾)에 합쳐졌으므로 지금의 읍치는 남쪽 30리에 마봉(馬峯)이 있어 이것으로써 경계를 삼는다. 지금 영령이라고 칭하는 것은 서가화(西嘉禾)가 된다〉

『방면』(坊面)

상리방(上里坊)〈읍치로부터 10리에서 끝난다〉

온정방(溫井坊)〈읍치로부터 남쪽 20리에서 시작하여 30리에서 끝난다〉

사마촌방(司馬村坊)〈읍치로부터 남쪽 10리에서 시작하여 20리에서 끝난다〉

어천방(魚川坊)〈읍치로부터 남쪽 35리에서 시작하여 50리에서 끝난다〉

방죽방(方竹坊)〈읍치로부터 동쪽 10리에서 시작하여 30리에서 끝난다〉

삼팔이방(三八伊坊)〈읍치로부터 동남쪽 20리에서 시작하여 30리에서 끝난다〉

장양방(長楊坊)〈읍치로부터 동남쪽 25리에서 시작하여 60리에서 끝난다〉

구이동방(仇耳洞坊)〈읍치로부터 동남쪽 50리에서 시작하여 70리에서 끝난다〉

『산수』(山水)

생왕산(生王山)〈읍치로부터 북쪽 2리에 있다〉

희봉산(希鳳山)〈읍치로부터 남쪽 10리에 있다〉

도구산(陶邱山)〈읍치로부터 남쪽 30리에 있다〉

원통산(圓通山)〈읍치로부터 남쪽 50리에 있다〉

묵산(墨山)〈일명 수증산(修證山)이라고도 한다. 읍치로부터 북쪽 15리에 있는데 풍천·문화 양 읍과의 경계이다〉

대약산(大藥山)〈읍치로부터 서북쪽 10리에 있는데 풍천과의 경계이다〉

박석산(礴石山)〈읍치로부터 서남쪽 15리에 있는데 풍천·장연(長淵)과의 경계이다〉

용문산(龍門山)〈읍치로부터 동쪽 40리에 있는데 문화현(文化縣)과의 경계이다〉

추산(錐山)〈읍치로부터 동쪽 45리에 있다〉

운계산(雲溪山)〈읍치로부터 동남쪽 50리에 있는데 문화와의 경계이다〉

달마산(達摩山)〈읍치로부터 동남쪽 60리에 있는데 해주와의 경계이다〉

마봉(馬峯)〈읍치로부터 남쪽 30리에 있다〉

탑평(塔坪)〈읍치로부터 남쪽 40리에 있다〉

수서촌(水西村)〈읍치로부터 남쪽 30리에 있다. 토지가 자못 비옥하며 산수(山水)가 어울리고 고기와 소금이 많이 난다〉

「영로」(嶺路)

덕령(德嶺)〈읍치로부터 동남쪽 20리에 있다〉

장호령(長浩嶺)〈읍치로부터 동남쪽 30리에 있다〉

대모현(大母峴)〈읍치로부터 동남쪽 40리에 있다. 오른쪽으로 해주대로로 통한다〉

갈항(葛項)〈읍치로부터 북쪽 15리에 있는데 은율로 통한다〉

수유령(水踰嶺)〈읍치로부터 동남쪽 60리에 있다〉

구이령(仇耳嶺)〈위와 같다〉

○수회천(水回川)〈읍치로부터 동쪽 20리에 있다. 물의 근원은 묵산에서 나와서 동남쪽으로 흘러서 오천(烏川)이 되고, 초리(草里)를 경유하여 서남쪽으로 흘러서 역천(驛川)·남천(南川)을 지나 도동(道洞) 석벽(石壁)을 돌아 장연(長淵)의 낙산(樂山)에 이르러 어천(魚川)을 지나면 삼천(三川)이 된다. 서북으로 꺾어져서 장연부 남서쪽을 돌아가는 것은 해탄(蟹灘)이 되고, 용정(龍井)의 북쪽을 지나는 것은 숭선(昇仙) 아랑포(阿浪浦)가 되고, 금사(金沙)의 물가를 경유하여 바다로 들어간다〉

소교천(燒橋川)〈동남쪽 60리에 있다. 달마산에서 나와서 동쪽으로 흘러 신천의 누교천(樓橋川)으로 들어간다〉

어천(魚川)〈남쪽 40리에 있다. 달마산과 용문산의 두 산이 합치는 곳에서 나와서 서쪽으로 흘러 탑평으로 가서 영령의 옛 현(縣)을 경유하여 서천(鋤川)이 되어 수회천으로 들어간다〉

남천(南川)〈약산(藥山)에서 나와서 동쪽으로 흘러 현의 남쪽을 경유하여 수회천으로 들어간다〉

역천(驛川)〈동쪽 10리에 있다. 갈항에서 나와서 남쪽으로 흘러 수회천으로 들어간다〉

사천(蛇川)〈동쪽 50리에 있다. 용문산에서 나와서 동쪽으로 흘러 가화 옛 현을 경유하여 소교천으로 들어간다〉

온천(溫泉)〈남쪽 20리에 있는데 판교리(板橋里)이다〉

『성지』(城池)

신점고성(新岾古城)〈일명 성산(城山)이라고도 한다. 남쪽 10리에 있으며 둘레는 9,201척이다〉

『창고』(倉庫)

읍창·동창(東倉)〈가화(嘉禾) 옛 현에 있다〉·남창(南倉)〈영현(永嶺) 옛 현에 있다〉·순노창(巡老倉)〈읍치로부터 남쪽 45리에 있다〉

『역참』(驛站)

회안역(維安驛)〈읍치로부터 동쪽 10리에 있다〉

『토산』(土産)

철(鐵)·옻(漆)·지치[자초(紫草)]·은어[은구어(銀口魚)]

『장시』(場市)

읍내장은 4일·9일이고, 동창장(東倉場)은 3일·8일이며 오천장(烏川場)은 1일·6일이고 문동장(文洞場)은 3일·8일이며 공세장(貢稅場)은 2일·7일이다.

『사원』(祠院)

도동서원(道東書院)〈숙종 때에 사액(賜額)받았다〉에서 주자(朱子)·조광조(趙光祖)·이황(李滉)·이이(李珥)〈모두 문묘에 보인다〉를 제향(祭享)한다.

『누정』(樓亭)

관덕루(觀德樓)가 있다.

『전고』(典故)

고려 고종 46년(1259)에 몽고병이 서경(西京)으로부터 청송(靑松)으로 들어왔다.

8. 은율(殷栗)

『연혁』(沿革)

본래는 고구려의 율구(栗口)였다.〈일명 율천(栗川)이라고 한다〉 신라 경덕왕 16년(757)에 양악군(楊岳郡)의 영현(領縣)이 되었다. 고려 태조 23년(940)에 은율(銀栗)로 고쳤고 현종 9년(1018)에 풍천(豐川)에 속하였다. 조선 태조 5년(1396)에 감무(監務)를 두었다. 태종 13년(1413)에 풍천에 병합시켰다가 얼마 후에 다시 나누어서 현감을 두었다. 현종 4년(1663)에 혁파하고 장련(長連)에 속하게 하였다가〈노비가 주인을 죽인 일이 있기 때문이다〉 현종 11년(1670)에 다시 복구하였다. 숙종(肅宗) 14년(1688)에 혁파하여 문화(文化)에 속하게 하였다가〈요녀(妖女) 원향(元香)이 태어난 곳이기 때문이다〉 16년에 복구하였다.

「관원」(官員)

현감(縣監)〈해주진관 병마절제도위(海州鎭管兵馬節制都尉)와 구월산성 수성장(九月山城守城將)을 겸한다〉 1원이다.

『방면』(坊面)

현내방(縣內坊)〈끝은 읍치로부터 10리이다〉
북면방(北面坊)〈읍치로부터 10리에서 시작하여 25리에서 끝난다〉

서면방(西面坊)〈읍치로부터 서북쪽 5리에서 시작하여 30리에서 끝난다〉

남면방(南面坊)〈읍치로부터 3리에서 시작하여 25리에서 끝난다〉

『산수』(山水)

건지산(乾止山)〈읍치로부터 북쪽 10리에 있다〉

구월산(九月山)〈읍치로부터 동쪽 10리에 있다. 문화현조에 상세하다. 위의 봉우리는 사왕봉(四王峯)이라고 하는데 면지(面支)에 사선대(四仙臺)가 있다〉

모을산(毛乙山)〈읍치로부터 남쪽 6리에 있다. 굴[천(窟)]이 있는데 왕을 구했다는 전설이 있다〉

구왕산(九王山)〈읍치로부터 서남쪽 20리에 있다〉

무녀산(舞女山)〈읍치로부터 서쪽 15리에 있다〉

고암(鼓岩)〈읍치로부터 북쪽 10리에 있다〉

【조산평(造山坪)은 읍치로부터 남쪽 20리에 있는데 토지가 매우 비옥하다】

「영로」(嶺路)

탑현(塔峴)〈읍치로부터 동북쪽 10리에 있다. 장련(長連)으로 가는 길이다〉

구아현(舊阿峴)〈읍치로부터 동남쪽 20리에 있다. 문화로 가는 길이고 또 안악으로 통한다〉

○소해(小海)〈읍치로부터 서북쪽으로 30리에 있는 바다이다. 바다는 삼화(三和)의 땅이다〉

고요연(高要淵)〈구월산의 허리에 있다. 모습이 마치 솟뚜껑 같다. 그 깊이는 헤아릴 수 없다. 위에는 절벽이 있어 폭포가 직하하여 못 가운데로 떨어지는데 소리가 우뢰가 진동하는 것 같다. 금난굴(金蘭窟)이 있다〉

한천(漢川)〈읍치로부터 서쪽 5리에 있다. 고요연의 물이 서쪽으로 흘러 현의 서쪽에 이르면 송화 묵산의 물을 지나 한탄(閑灘)이 되어 북쪽으로 흘러 바다로 들어간다〉

금산포(金山浦)〈읍치로부터 북쪽 20리에 있다. 한천(漢川)이 바다로 들어가는 곳이다〉

함천(鹹泉)〈읍치로부터 북쪽 13리에 있다. 맛이 짜서 그곳에서 목욕하면 질병이 낫는다〉

이곳(梨串)〈읍치로부터 북쪽 20리에 있다〉

『성지』(城池)

구월산성(九月山城)〈읍치로부터 동쪽 25리에 있다. 고려 현종 3년(1012)에 성궁올산(城弓

兀山)이라고 한 것이 이것이다. 조선에서 개축하여 둘레가 4,000보(步)이다. 성의 모양이 마치 큰 성처럼 되어 있다. 남북에는 길이 없고 동서로는 단지 잔도(棧道)만이 있다. 성의 서쪽으로 양쪽에는 산이 우뚝 솟아 있는데 마치 문이 서 있는 것 같다. 여러 계곡의 물이 문밖으로 나와서 폭포를 이루니 참으로 천험(天險)의 땅이다. ○좌창(左倉)은 문화(文化)·신천(信川)·안악(安岳)에 속해 있고 우창(右倉)은 은율·풍천·송화·장연(長淵)·장련(長連)에 속해 있다.

○수성장(守城將)은 본 현감(縣監)이 겸하고 별장(別將)이 1원이 있다.

『진보』(鎭堡)
「혁폐」(革廢)
광암량진(廣巖梁鎭)〈읍치로부터 서북쪽 25리에 있다. 옛날에는 수군만호가 있었다〉

『봉수』(烽燧)
건지산 〈위에 보인다〉

『창고』(倉庫)
읍창·해창(海倉)〈읍치로부터 서북쪽 25리에 있다〉

『역참』(驛站)
문라역(文羅驛)〈읍치로부터 남쪽 5리에 있다〉
【관가루(觀稼樓)가 있다】

『토산』(土産)
철·지치·해송자·대나무·조개·석어(石魚)·숭어·은어·석화(石花)·사곽(絲藿)

『장시』(場市)
읍내장은 2일·7일이다.

9. 강령현(康翎縣)

『연혁』(沿革)

본래 고구려의 부진이(付珍伊)였으나 신라 경덕왕 16년(757)에 영강(永康)이라 고쳐 폭지군의 영현이 되었다. 고려 현종 9년(1018)에 옹진(甕津)에 속하였다가 예종 원년(1106)에 감무를 두어 가화(嘉禾)를 병합하였다. 조선 태종 14년(1414)에 모두 장연에 병합하였다가 얼마 후에 다시 나누었다. 세종 10년(1428)에 백령도를 강령과 합칭하여 〈해주(海州)의 우치(牛峙) 이남의 땅을 나누어서 속하게 하고 현치(縣治)를 사천(蛇川)으로 옮겼다. 지금의 치소(治所)는 동쪽 10리에 있는데 고현(古縣)이라 칭한다. ○영강 옛터는 장연현의 금동역(金洞驛)에 있다〉 진을 설치하였다.〈첨절제(僉節制使)로써 판현사(判縣事)를 겸한다. 후에 진을 파하고 현감을 두었다〉 인조 15년(1637)에 혁파하여 해주에 속하게 하였다가 얼마 후에 다시 설치하였다. 효종 4년(1653)에 혁파하여 옹진에 속하게 하였다가 효종 10년(1659)에 다시 설치하였다.

「관원」(官員)

현감(縣監)〈해주진관 병마절제도위(海州鎭管 兵馬節制都尉)를 겸한다〉 1원을 두었다.

『방면』(坊面)

읍내방(邑內坊)〈읍치로부터 북쪽 30리에서 끝난다〉

고현방(古賢坊)〈읍치로부터 동쪽 5리에서 시작하여 30리에서 끝난다〉

서면방(西面坊)〈읍치로부터 서북쪽 20리에서 끝난다〉

동일방(東一坊)〈읍치로부터 동쪽 20리에서 시작하여 40리에서 끝난다〉

동이방(東二坊)〈읍치로부터 동남쪽 30리에서 시작하여 50리에서 끝난다〉

남면방(南面坊)〈읍치로부터 40리에서 시작하여 90리에서 끝난다. 광주소(廣州所)는 읍치로부터 동쪽 15리에 있다〉

『산수』(山水)

봉황산(鳳凰山)〈읍치로부터 동북쪽 20리에 있다〉

얼죽산(乻竹山)〈읍치로부터 서남쪽 15리에 있다. 안국사(安國寺)가 있다〉

부민산(富民山)〈읍치로부터 북쪽 2리에 있다〉

견라산(堅羅山)〈읍치로부터 동남쪽 40리에 있다. 파호봉(把灝峯)은 서남쪽 가지에 있다〉

작산(鵲山)〈읍치로부터 북쪽 30리에 있다〉

죽을산(竹乙山)〈읍치로부터 북쪽 15리에 있다〉

월미산(月尾山)〈읍치로부터 동리(東里)에 있다〉

다립산(多立山)〈읍치로부터 동쪽 20리에 있다〉

식대산(食大山)〈읍치로부터 동쪽 25리에 있다〉

유곶산(楡串山)〈읍치로부터 남쪽 30리에 있다〉

「영로」(嶺路)

우치(牛峙)〈읍치로부터 북쪽 30리에 있다. 곡산(鵠山)의 동쪽 가지는 해주로이다〉

○바다 〈읍치로부터 동쪽 50리, 남쪽 20리에 있다〉

와원천(瓦院川)〈읍치로부터 서쪽 10리에 있으며, 옹진과의 경계이다. 해주 마산면(馬山面)에서 나와서 남쪽으로 흘러 왼쪽으로 해주를 지나 수다산(水多山)의 물과 합하여 바다로 들어간다〉

왕탄천(王灘川)〈작산에서 나와서 남쪽으로 흘러 현의 동쪽을 지나 바다로 들어간다〉

제당천(祭堂川)〈읍치로부터 남쪽 15리 있다. 봉황산에서 나와서 서쪽으로 흘러 바다로 들어간다〉

두모포(豆毛浦)〈읍치로부터 남쪽 2리에 있다〉

구래포(仇來浦)〈읍치로부터 남쪽 20리에 있으며 두모포 아래에 있다〉

시근포(沙斤浦)〈읍치로부터 남쪽 30리에 있으며 구래포 아래에 있다〉

청룡포(靑龍浦)〈읍치로부터 동쪽 30리에 있으며 사근포 아래에 있다〉

연화지(蓮花池)〈읍치로부터 남쪽 50리에 있다〉

등산곶(登山串)〈읍치로부터 남쪽 80리에 있다. 식대산(食大山)의 한쪽 기슭이 돌아서 서쪽으로 달려 올라가 바다로 들어간 곳으로 5,60리에 달한다. 토지는 비옥하고 풍요롭다. 송전(松田: 소나무밭/역자주)과 목장(牧場)이 있다. 등산곶의 끝 바닷속에는 연서(燕嶼)가 있고 또 좋은 모래사장이 있다. 이에 작은 섬이 3개 있다. 또 서북으로 옹석서(瓮石嶼), 곽서(郭嶼), 점은서(點銀嶼)와 이어져서 소청도(小靑島)에 이르기까지 남쪽 가장자리에 문지방처럼 가로놓여 있어서 배들이 다니기에 심히 어렵다〉

백사정(白沙汀)〈등산곶의 끝에 있다. 조류(潮流)가 물러가면 백사장이 평평하며 진흙이 없어서 만(灣)이 가히 짐승을 몰아 달릴만 하다. 사슴이 많았다. 옛날 해주의 땅에서 고려 우왕(禑王)이 요동(遼東) 지방을 공격하기 위하여 오부(五部: 수도 개경의 행정구역/역자주)의 장정들을 군대로 편성하여 서방의 해주 백사정에서 수렵했다고 한 것이 바로 이곳이다〉

【동보(垌洑)는 3곳이다】

「도서」(島嶼)

순위도(巡威島)〈등산곶의 서쪽에 있다. 수로(水路)로 몇 리쯤 가면 북쪽으로 소강(所江)에 이른다. 행영(行營)은 수로(水路)로 60리에 있는데 이곳으로부터 저작포(氐作浦)까지 30리이다〉

주도(舟島)〈일명 이도(梨島)라 한다〉·노어도(鱸魚島)〈모두 순위도(巡威島) 동북쪽의 수로(水路)로 10리에 있는데 모두 작은 섬이다〉

저도(楮島)·무도(茂島)·구지도(仇之島)〈모두 구월리포(仇月里浦) 남쪽에 있다〉

구속도(仇速島)〈남쪽 20리에 있다. '동국문헌비고'(東國文獻備考)에 실려있다〉

『성지』(城池)

읍성(邑城)〈둘레는 5,725자이다〉

고읍성(古邑城)〈남쪽 20리에 있는데 둘레는 18자이다. 우물이 1개 있다〉

『진보』(鎭堡)

등산곶진(登山串鎭)〈옛날에는 동남쪽 45리에 있었는데 후에 순위도 안으로 옮겼다. 숙종 30년(1704)에 만호(萬戶)로 승격되었다〉 ○수군동첨절제사(水軍同僉節制使) 겸 감목관(監牧官) 1원이 있다.

「혁폐」(革弊)

가을포진(茄乙浦鎭)〈동남쪽 50리에 있다. 옛날에는 수군만호(水軍萬戶)를 등산곶에 합하여 두었다〉

○추포방소(追捕防所)〈등산포(登山浦)와 순위도(巡威島)에 있다〉

높은 곳에서 적의 동태를 살피는 요망처는 6곳이 있다.

【송전(松田)은 1곳이다】

『봉수』(烽燧)

식대산(食大山)·견라산(堅羅山)·구월리(仇月里)〈읍치로부터 남쪽 50리에 있다〉·밀치(密峙)〈읍치로부터 남쪽 10리에 있다〉

『창고』(倉庫)

읍창(邑倉)·남창(南倉)〈남쪽 60리에 있다〉·둔창(屯倉)〈등산곶에 있다〉

『목장』(牧場)

등산곶장

「혁폐」(革廢)

순위도장

『토산』(土産)

여석(礪石)〈순위도에서 난다〉·미역·황각·청각·세모(細毛)·사곽(絲藿)·전복·해삼·홍합·소라[라(螺)]·녹용·폐염(枾鹽)·어물 10여종·소금[염(鹽)]

『장시』(場市)

읍내장은 2일·7일이고, 고현장(古縣場)은 4일·9일이다.

『누정』(樓亭)

망해루(望海樓)〈읍치로부터 남쪽 15리에 있다. 서쪽으로 대해를 바라보면 섬들이 나열해 있다〉

『전고』(典故)

고려〈우왕(禑王)〉 3년(1377)에 왜구(倭寇)가 영강(永康)〈장단(長淵)에 있다〉에 들어왔고 우왕 11년(1385)에도 왜구가 영강에 들어왔다.

10. 옹진도호부(甕津都護府)

본래 고구려의 옹천(甕遷)이었으나 신라 경덕왕 16년(757)에 폭지군의 영현이 되었다. 고려 태조 23년(940)에 옹진(甕津)으로 고치고 현종(顯宗) 9년(1018)에 현령(縣令)을 두었다.〈속현(屬縣)이 2곳이니 장연(長淵)과 영강(永康)이다〉 조선 태조 6년(1397)에 진(鎭)을 두어서 병마사(兵馬使)로써 판현사(判縣事)를 겸하게 하였다. 세종 5년(1423)에 첨절제사(僉節制使)로 개칭하였고 후에 다시 현령으로 하였다. 숙종(肅宗) 45년(1719)에 도호부(都護府)로 승격하였다.

「관원」(官員)

도호부사(都護府使)〈수군절도사(水軍節度使)로써 겸한다〉 1원이다.

『방면』(坊面)

읍내면(邑內面)〈읍치로부터 서쪽 20리에서 끝나고 북쪽 20리에서 끝난다〉

동면(東面)〈읍치로부터 15리에서 끝난다〉

남면(南面)〈읍치로부터 20리에서 끝난다〉

서면(西面)〈읍치로부터 30리에서 끝난다〉

용연면(龍淵面)〈읍치로부터 서쪽 60리에서 끝난다. 만진장(萬珍莊)이 서쪽 40리에 있다〉

『산수』(山水)

화산(花山)〈읍치로부터 동쪽 3리에 있다〉

관산(館山)〈읍치로부터 서쪽 5리에 있다〉

얼죽산(乻竹山)〈읍치로부터 동남쪽 30리에 있는데 강령과의 경계이다〉

개룡산(開龍山)〈옛날에는 보운산이라 하였다. 읍치로부터 서쪽 6리에 있다.○ 개룡암이 있다〉

연근산(連根山)〈옛날에는 금봉산이라 하였다. 읍치로부터 동쪽 11리에 있다〉

청암산(靑巖山)〈읍치로부터 북쪽 10리에 있다〉

광대산(廣大山)〈읍치로부터 북쪽 2리에 있다〉

북산(北山)〈읍치로부터 북쪽 5리에 있다〉

남산(南山)〈읍치로부터 서남쪽 4리에 있다〉

청련산(靑蓮山)〈읍치로부터 서남쪽 40리에 있다. 바다 입구에 가로놓여 있어 경치가 기막히게 절경이고 험준하다. 위에는 영천(靈泉)과 망해사(望海寺)가 있다〉

전산(錢山)〈읍치로부터 서북쪽 40리에 있다〉

고제봉(古祭峯)〈읍치로부터 서쪽 45리에 있다〉

「영로」(嶺路)

율현(栗峴)〈읍치로부터 동쪽 15리에 있다. 해주로 가는 길이다〉

○바다〈읍치로부터 서쪽 65리이고 남쪽 3리 또는 4리에 있다〉

서경포(西京浦)〈읍치로부터 서북쪽 45리에 있다. 소금을 굽는다〉

사곶포(沙串浦)〈읍치로부터 남쪽 13리에 있다〉

와원교포(瓦院橋浦)〈읍치로부터 동쪽 25리에 있다. 강령(康翎)과의 경계이다〉

소을곶포(所乙串浦)〈읍치로부터 서쪽 8리에 있다〉

선창포(船艙浦)〈읍치로부터 서쪽 12리에 있다. 물의 근원은 전산(錢山)에서 나와서 동남쪽으로 흘러 바다로 들어간다〉

저작포(氐作浦)〈읍치로부터 서쪽 60리에 있다. 남북의 선박이 정박할 수 있는 곳이어서 어호(漁戶)가 번성하다. 북쪽으로 해주(海州) 흑두포(黑頭浦)와의 거리가 수로로 20리이고, 남쪽으로 마합포(磨蛤浦)와의 거리가 10리이며, 소강(所江)과의 거리는 20리인데 모두 수로이다〉

【제언 1곳이고, 동보(垌洑)가 1곳이다】

【창린도(昌獜島)로부터 장연(長淵)의 인을업도(鱗乙業島)에 이르기까지 60리이다】

「도서」(島嶼)

어화도(魚化島)〈일명 어의(於義)라고 하며, 수로(水路)로는 15리이다. 서쪽으로는 창린도(昌獜島)까지 20리이다〉

창린도(昌麟島)〈읍치로부터 서남쪽 30리에 있다. 기린도(麒麟島)까지 30리이고 북으로는 소강에 이른다〉

기린도(麒麟島)〈서북쪽으로 마합도(磨蛤島)까지 30리이고 소강(所江)까지 30리이며 소청도(小靑島)와 대청도(大靑島)까지는 155리이다〉

마합도(磨蛤島)〈북쪽으로 저작포(氐作浦)에까지 10리이고, 동쪽으로 소강까지 30리이고 서북쪽으로 장연(長淵)의 도사내도(島沙內島)까지 80리이며, 서쪽으로 소청도까지 170리이다〉

비압도(飛鴨島)〈수로(水路)로 80리이다〉

용호도(龍虎島)〈일명 용위(龍威)라고 한다. 봄 가을에는 전선(戰船)들을 이끌고 이곳에서 조련(操練)한다〉

수청도(水青島)〈소강의 서남쪽에 있다〉·신도(申島)〈동남쪽에 있다〉·고도(孤島)·모도(謀島)·거차도(巨次島)·정도(鼎島)·승도(昇島)·웅도(熊島)〈모두 부(府)의 남쪽 바다 가운데 있다. 위의 8도는 모두 작은 섬이며 혹은 멀리 있거나 혹은 가까이에 있다〉

『성지』(城池)

읍성(邑城)〈고려 공양왕 3년(1391)에 축성(築城)하였는데 둘레는 5,880척이고 우물은 3곳이다〉

행궁성(行宮城)〈소강(所江)에 있다. 둘레는 154보이다. 해자[호지(壕池)]는 길이가 83척이다〉

고읍성(古邑城)〈서북쪽 3리에 있다. 둘레는 4215척이고 우물은 9곳 있다〉

행성(行城)〈읍치로부터 남쪽 5리에 있는데, 흙으로 쌓은 옛터가 있다〉

회산목책(回山木柵)〈읍치로부터 서쪽 25리에 있다〉

『영아』(營衙)

수영(水營)〈숙종 45년(1719)에 설치하였다〉

「관원」(官員)

황해도 수군절도사(黃海道水軍節度使)〈옹진도호부사(甕津都護府使)를 겸한다〉·중군(中軍)〈수군우후(水軍虞侯)이다〉·역학훈도(譯學訓導) 각 1원이 있다.

「속읍」(屬邑)

〈해주(海州)·풍천(豊川)·장연(長淵)·연안(延安)·안악(安岳)·백천[배천(白川)]·은율(殷栗)·장련(長連)·강령(康翎)〉

「속진」(屬鎭)

〈백령(白翎) 초도(椒島) 등산(登山)·용매(龍媒)·허사(許沙)·오차(吾叉)·(助泥)〉

본영(本營) 및 속읍(屬邑) 속진(屬鎭)에는 각양각색의 전함(戰艦)이 108척 있다.〈진(津)의 선박은 25척이다〉

『진보』(鎭堡)

소강진(所江鎭)〈서쪽 40리에 있다. 옛날에는 수군첨절제사(水軍僉節制使)를 두었고, 후에 방어사(防禦使)를 겸하였으며 수영(水營)을 설치하였다. 후에 진을 파하고 절도사로 삼았다. 행영(行營)은 3월부터 8월까지 수가(水使)가 행영에 출둔(出屯)하여 있고 9월부터 2월까지는 본영에 들어와서 지킨다. ○별장(別將) 1인이 있다.

○관양수(館梁戍)〈서쪽 8리에 있다. 옛날에는 수어군(守禦軍)이 있었다〉

추포방소(追捕防所)〈저작포(氏作浦) 마합포(磨蛤浦) 갈합포(葛蛤浦)의 3곳에는 추포무사(追捕武士)가 있다. ○어화도(魚化島) 기린도(揆獜島) 창린도(昌獜島)에는 모두 높은 곳에서 적의 동태를 살피는 장수와 병졸이 있다〉 요망처(瞭望處)는 5곳이다.

『봉수』(烽燧)

탄항(炭項)〈남쪽 15리에 있다〉

검물여(檢勿餘)〈서남쪽 45리에 있다〉

대점(大岾)·개룡산(開龍山)〈모두 서쪽 60리에 있다〉

『창고』(倉庫)

읍창(邑倉)·고(庫)〈4개〉·서창(西倉)〈서쪽 50리에 있다〉

『역참』(驛站)

문라역(文羅驛)〈남쪽 4리에 있다〉

『목장』(牧場)

기린도장(麒獜島場)

「혁폐」(革廢)

창린도장(昌獜島場)

『토산』(土産)

미역·사곽(絲藿)·청각(靑角)·황각(黃角)·소라[라(螺)]·전복·홍합·어물 10여종·소금

『장시』(場市)

동오리장(洞吾里場)은 4일·9일이다

『누정』(樓亭)

망해루(望海樓)·군자루(君子樓)·피향정(披香亭)〈모두 읍내에 있다〉·세검정(洗劍亭)〈행영(行營)에 있다〉

『전고』(典故)

고려 고종(高宗) 44년(1257)에 몽고군대가 창린도에 쳐들어왔다. 옹진(甕津) 현령 이수송(李壽松)이 그들을 격퇴시켰다. 고종 46년(1259)에 옹진현령 정숭(鄭崇)이 몽고에 항복하였다. 공민왕 8년(1359)에 왜구가 옹진현에 불을 질렀다. 우왕 3년(1377)에 왜구가 옹진현에 쳐들어 왔다. 우왕 10년(1384)에 왜구가 노어(蘆島)〈강령(康翎)의 노어도(鱸魚島)이니 이때 본현(本縣)에 속하였다〉에 쳐들어 와서 군선(軍船) 2척을 불태웠다. 왜(倭)가 또 관량(館梁)에 쳐들어왔다. 우왕 11년(1385)에 왜가 기린도(麒獜島)에 쳐들어왔다. 해도만호(海島萬戶) 정룡(鄭龍)이 쫓아가서 물리쳤다.

○조선 인조(仁祖) 14년(1636) 12월에 옹진현감 정인(鄭繗)이 원수(元帥)〈김자점(金自點)〉의 군대에 들어가서 토산(兎山)에서 전사(戰死)하였다.

제2권

황해도
13읍

1. 황주목(黃州牧)

『연혁』(沿革)

본래 고구려의 우동어홀(于冬於忽)〈일명 동울(冬鬱)〉이다. 신라 경덕왕 16년(757)에 취성군(取城郡)〈영현은 3곳이니 토산(土山)·당악(唐岳)·송현(松峴)이다〉으로 고쳐서 한주(漢州)에 예속시켰다. 고려 태조 23년(940)에 황주(黃州)라 고치고, 성종 2년(983)에 목(牧)을 설치하였다.〈12목 중의 하나이다〉 성종 14년(995)에 천덕군(天德郡) 절도사(節度使)〈12절도(節度) 중의 하나이다〉를 두고 관내도(關內道)에 예속시키고 현종 3년(1012)에 안무사(按撫使)로 고쳤다. 현종(顯宗) 9년(1018)에 다시 목(牧)으로 하였고〈속군(屬郡)은 2이니 봉주(鳳州)와 신주(信州)이며 속현(屬縣)은 1곳이니 토산(土山)이다〉 서해도(西海道)에 예속되었다. 고종 4년(1217)에 강등되어 지고령군사(知固寧郡事)가 되었다.〈그 주의 백성이 거란의 군대를 막아내지 못하였기 때문이다〉 원종(元宗) 10년(1269)에 원(元)에 함락되어 동령로총관부(東寧路總管府)에 예속되었다.〈안악(安岳)·삼화(三和)·용강(龍岡)·함종(咸從)·강서(江西)의 5현과 장명(長命) 1진을 다스린다〉 충렬왕 4년(1278)에 다시 되돌려서 서북면(西北面)에 예속시켰고 목을 두었다. 충선왕 2년(1310)에 지주사(知州事)로 강등되었다.〈여러 목(牧)을 없앴다〉 공민왕(恭愍王) 5년(1356)에 다시 목을 두었다. 우왕(禑王) 14년(1388)에 돌이켜 본도에 예속시켰다. 조선 세조 12년(1466)에 진(鎭)을 두었다.〈12읍을 관할한다〉 순조(純祖) 때 황강현(黃岡縣)으로 강등시켰고 후에 다시 올렸다.

「읍호」(邑號)

제안(齊安)〈고려 성종(成宗) 때 정하였다〉·성성(聖城)·용흥(龍興)·대룡(大龍)

「관원」(官員)

목사(牧使)〈황주진(黃州鎭) 병마첨절제사(兵馬僉節制使)와 정방산성 수성장(正方山城 守城將)을 겸한다〉 1원이 있다.〈선조 30년(1597)에 병마사(兵馬使)로서 목사(牧使)를 겸하였는데 다음해에 파(罷)하였고 선조 34년(1601)에는 겸하였다. 숙종 31년(1705)에 파하였다〉

『고읍』(古邑)

철화(鐵和)〈일명 철화(鐵化)라고 쓴다. ○읍치로부터 서쪽 30리에 있다. 고려 때 철도(鐵島)에서 사람이 육지로 나와서 우거하였다. 충숙왕 후7년(1338)에 철화현(鐵和縣)으로 하였고 감무(監務)를 두었으며 후에 혁파하였다. 조선 태조 5년(1396)에 다시 설치하였고 태종 8년(1408)에 병합시켰다.

『방면』(方面)

읍내방(邑內坊)〈읍치로부터 20리에서 끝난다〉

인제방(仁濟坊)〈읍치로부터 동쪽 20리에서 시작하여 60리에서 끝난다〉

신교방(薪橋坊)〈읍치로부터 동쪽 20리에서 시작하여 40리에서 끝난다〉

도치방(都峙坊)〈읍치로부터 동쪽 10리에서 시작하여 50리에서 끝난다〉

경천방(敬天坊)〈읍치로부터 동북쪽 30리에서 시작하여 50리에서 끝난다〉

주남방(州南坊)〈읍치로부터 5리에서 시작하여 30리에서 끝난다〉

심원방(深源坊)〈읍치로부터 동남쪽 20리에서 시작하여 50리에서 끝난다〉

삼전적방(三田赤坊)〈읍치로부터 서쪽 20리에서 시작하여 40리에서 끝난다〉

고정방(高井坊)〈읍치로부터 북쪽 20리에서 시작하여 40리에서 끝난다〉

모성방(慕聖坊)〈읍치로부터 서쪽 20리에서 시작하여 35리에서 끝난다〉

심원방(深源坊)〈읍치로부터 20리에서 시작하여 35리에서 끝난다〉

보리방(甫里坊)〈읍치로부터 서북쪽 30리에서 시작하여 50리에서 끝난다〉

두암방(斗巖坊)〈읍치로부터 북쪽 30리에 있다〉

목곡방(木谷坊)〈읍치로부터 북쪽 30리에서 시작하여 40리에서 끝난다〉

사등곡방(沙等谷坊)〈읍치로부터 북쪽 10리에서 시작하여 20리에서 끝난다〉

분전방(分田坊)〈읍치로부터 서쪽 10리에서 시작하여 30리에서 끝난다〉

주북방(州北坊)〈읍치로부터 서북쪽 10리에서 시작하여 30리에서 끝난다〉

송림방(松林坊)〈읍치로부터 서북쪽 40리에서 시작하여 60리에서 끝난다〉

청룡방(靑龍坊)〈읍치로부터 20리에서 시작하여 40리에서 끝난다〉

『산수』(山水)

벽화산(碧花山)〈읍치로부터 동쪽 5리에 있다〉

천주산(天柱山)〈읍치로부터 동북쪽 5리에 있다〉

칠봉산(七峯山)〈읍치로부터 동북쪽 40리에 있다. 중화(中和)와의 경계이다〉

고정산(高井山)〈칠봉산의 서쪽가지이다. 산 위에 우물이 있다〉

천진산(天眞山)〈읍치로부터 남쪽 20리에 있다〉

금봉산(金鳳山)〈읍치로부터 동쪽 10리에 있다〉

두암산(斗巖山)〈읍치로부터 북쪽 20리에 있다〉

삼방산(三方山)〈읍치로부터 동쪽 30리에 있다〉

덕월산(德月山)〈읍치로부터 동쪽 10리에 있다〉

능산(陵山)〈읍치로부터 동쪽 5리에 있다〉

대덕산(大德山)·유덕산(有德山)〈모두 읍치로부터 동쪽 50리에 있는데 서흥(瑞興)과의 경계이다〉

봉명산(鳳鳴山)·용복산(龍伏山)·건지산(乾止山)〈모두 읍치로부터 서북쪽 30리에 있다〉

여계산(餘界山)〈일명 심원산(深源山)이라고 한다. 읍치로부터 동남쪽 50리에 있고 서흥과의 경계이다〉

발산(鉢山)·월하산(月下山)〈모두 읍치로부터 남쪽 40리에 있는데 봉산(鳳山)과의 경계이다〉

「영로」(嶺路)

소동선령(小洞仙嶺)〈읍치로부터 남쪽 20리에 있다〉

동선령(洞仙嶺)〈읍치로부터 남쪽 25리에 있다. 우측으로는 봉산대로로 통한다〉

구현(駒峴)〈읍치로부터 북쪽 39리에 있다. 황해도 평안도 양도가 엇갈리는 곳이다. 중화대로(中和大路)로 통한다〉

상산령(商山嶺)·대황령(大皇嶺)·소약령(所藥嶺)·안심령(安心嶺)〈이 4곳은 읍치로부터 남쪽 40리에 있다. 봉산과의 경계이며 소로이다〉

성현(城峴)〈읍치로부터 동남쪽 40리에 있다〉

안현(鞍峴)〈읍치로부터 동남쪽 50리에 있는데 모두 서흥의 경계이다〉

갈현(葛峴)〈읍치로부터 동남쪽 40리에 있다. 이곳으로부터 성현(城峴)을 경유하여 선적진(善積鎭)으로 통한다〉

서흥현(瑞興峴)〈읍치로부터 동쪽 60리에 있다. 서흥의 경계이며 수안으로 통한다〉

○월당강(月唐江)〈옛 칭호는 절양해(絶瀁海) 또는 철화강(鐵和江)이라 하였다. 읍치로부터 서쪽 40리에 있다〉

어장강(於章川)〈일명 족금계(簇錦溪)라고 한다. 근원은 수안(燧安) 천자산(天子山)에서 나오며 서남쪽으로 흘러 율계(栗溪)에 이르러 서쪽으로 꺾어져서 세평(細坪)에 이른다. 왼쪽으로 서흥과 신당(新塘)의 선적천(善積川)의 서쪽을 지나 이어연(鯉魚淵)이 된다. 왼쪽으로는 여계산(餘溪山)과 자비령(慈悲嶺) 등 여러 산봉우리의 물들과 합하여 흘러가고, 오른쪽으로는 중화(中和)의 간동천(看東川)을 지나 주(州)의 남쪽 한 리를 경유하여 어초천(於草川)이 되고 하류는 녹사포(菉沙浦)가 되어 대동강(大同江)의 다미진(多美津)으로 들어간다〉

흑교천(黑橋川)〈읍치로부터 북쪽 20리에 있다. 칠봉산(七峯山)에서 나와 서쪽으로 흘러 마상포(馬商浦)를 이루고 대동강으로 들어간다〉

왕임천(王臨川)〈읍치로부터 동쪽 50리에 있다. 서흥 금대산(金臺山)에서 나와서 간동천으로 들어간다〉

남천(南川)〈읍치로부터 남쪽 10리에 있다. 상산령(商山嶺)에서 나와 서북쪽으로 흘러 급수문(急水門)으로 들어간다〉

급수문(急水門)〈읍치로부터 서쪽 35리에 있다. 대동강과 월당강의 물이 서로 만나서 부딪쳐 물의 흐름이 매우 거세다〉

박배포(朴排浦)〈읍치로부터 서쪽 35리에 있다. 남천이 강으로 들어가는 곳이다〉

녹사포(菉沙浦)〈읍치로부터 서쪽 10리에 있다〉

십이포(十二浦)〈읍치로부터 서쪽 40리에 있다〉

석경포(石坰浦)〈읍치로부터 서남쪽 45리에 있다〉

청룡포(青龍浦)〈읍치로부터 서쪽 40리에 있다. 석경(石坰)의 하류이다〉

요포(腰浦)〈읍치로부터 서북쪽 45리에 있다. 흑교천이 강으로 들어가는 곳이다〉

【곡포(曲浦)는 읍치로부터 서쪽에 있다】

【석경(石坰)은 서남쪽 45리에 있고, 유경(柳坰)은 읍치로부터 서북쪽 20리에 있다.

세당경(細塘坰)은 동북쪽 15리에 있고, 여질경(女叱坰)은 서쪽 10리에 있다. 제언(堤堰)은 4곳이고 동보전(坰洑田)이 있다】

「도서」(島嶼)

선도(鐥島)〈박배포의 남쪽에 있다〉

철도(鐵島)〈읍치로부터 서쪽 30리에 선도의 동남쪽에 있다. 옛날부터 지금까지 제언 안에 있다〉

『형승』(形勝)

좌측으로는 첩첩산중이요 우측으로는 넓은 들을 끼고 있다. 북으로는 패수(浿水)로 떨어져 있고 남쪽으로는 절령(岊嶺)으로 한계를 삼는다. 토지가 비옥하고 민물이 풍성하여 전쟁의 수비처가 되며 서로(西路)의 요충이다〉

『성지』(城池)

읍성〈둘레는 2,834보이고, 옹성(甕城)은 1개, 치성(雉城)이 7개, 곡성(曲城)이 15개이며 포루(砲樓)는 4곳이고 우물은 10개이며 호지(濠池)는 5곳 해자(垓子)는 북문으로부터 파서 남쪽으로 옹성 모서리까지 이르며 족금계(簇錦溪)의 주변으로 통한다〉

정방산성(正方山城)〈읍치로부터 서쪽 30리에 있다. 봉산의 경계이다. 밖으로는 평이하고 안으로는 험준하며 뒤는 준령으로 압도하고 앞은 큰 들을 대하고 있다. 왼쪽은 동선(洞仙)에 연결되고 오른쪽은 침극성(枕棘城)으로 이어지니 형승이 가장 편안한 곳이다. 인조 14년에 건축하였는데, 둘레는 4,895보이고 치성이 7개, 곡성이 5개, 우물이 7개, 호지가 4개이다. 대흥사(大興寺) 안국사(安國寺) 등의 절이 4곳 있다. ○수성장(守城將)이 목사(牧使)를 겸한다. 별장(別將) 1원이 있다〉

예계산고성(餘界山古城)〈둘레는 305보이고 우물이 5개 있다〉

덕월산고성(德月山古城)〈읍치로부터 동쪽 5리에 있다. 둘레는 5,300자[척(尺)]이다〉

월하산고성(月下山古城)〈읍치로부터 남쪽 35리에 있다. 둘레는 650자 이다〉

발본산고행성(鉢山古行城)〈읍치로부터 남쪽 30리에 있다. 길이는 700자 이다〉

심원사남점고행성(深源寺南岾古行省)〈동남쪽 50리에 있다. 길이는 2500자 이다. 위의 두 곳은 신라 헌덕왕(憲德王)때 우잠태수(牛岑太守) 백영(白永)이 건축한 장성(長城)의 옛 터이다〉

【병영(兵營)과 조영창(助營倉), 군기고(軍器庫)가 2곳 있다】

『영아』(營衙)

병영(兵營)〈주성(州城) 안에 있다. 선조 26년(1593)에 영을 열어 해주(海州)에 두었는데 다음 해에 본주로 옮겼다. 선조 30년(1597)에 다시 해주로 옮기고 선조 34년(1601)에 본주에 되돌리고 인조 14년(1636)에 정방산성(正方山城)에 옮겨 지었다. 19년에 본주로 다시 되돌렸다〉

황해도병마절도사(黃海道兵馬節度使)와 중군(中軍)〈병마우후(兵馬虞候)이다〉심약(審藥: 궁중에 바치는 약재를 감사하기 위하여 각도에 파견하는 종9품 벼슬/역자주) 각 1명이 있다.

〈○봉산(鳳山)·풍주(豊川)·안악(安岳)·곡산(谷山)·평산(平山)의 5영과 정방산(正方山)· 대현산(大峴山)·태백산(太白山)·장수산(長壽山)·구월산(九月山)의 산성과 문성(文城)·선적 (善積)·동리(東里)·산산(蒜山)·소기(所己)·위라(位羅)·문산(文山)의 7진을 관할한다〉

『진보』(鎭堡)
「혁폐」(革廢)

흑교진(黑橋鎭)〈읍치로부터 북쪽 20리에 있다. 숙종 4년(1678)에 설치하고 8년(1682)에 산산진(蒜山鎭)으로 청사를 옮겼다〉

『봉수』(烽燧)

고매치(古每峙)〈읍치로부터 동남쪽 15리에 있다〉

천주산(天柱山)〈앞에 나온다〉

비파곶(琵琶串)〈읍치로부터 서쪽 15리에 있다〉

『창고』(倉庫)

고(庫)는 7곳이고, 읍창(邑倉)·영창(營倉)〈모두 성안에 있다〉·외창(外倉)〈녹사포(菉沙浦) 와 철도(鐵島)에 있다〉이 있다.

『역참』(驛站)

경천역(敬天驛)〈서쪽 5리에 있다〉

「혁폐」(革廢)

단림역(丹林驛)〈남쪽 10리에 있다〉·장령역(長寧驛)·신로역(新蘆驛)〈주 안에 있다〉

『기발』(騎撥)

관문참(官門站)·저복참(貯卜站)이 있다.

『목장』(牧場)

용양장(龍驤場)〈『고려사』에 실려 있다〉·청도창(鐵島場)〈조선 성종 때 풍천 석도로 옮겼다〉

『진도』(津渡)

청룡진(靑龍津)〈안악(安岳)으로 통한다〉

다미진(多美津)〈서쪽 35리에 있다. 용강(龍岡)으로 통한다〉

마상진(馬尙津)〈강서(江西) 우측으로 통한다. 모두 소로이다〉

어초천교(於草川橋)〈가물 때는 다리를 이용하고 물이 넘치면 배를 이용한다〉

흑교(黑橋)〈북쪽 25리에 있다. 위의 두 곳은 남북으로 통하는 대로이다〉

『토산』(土産)

여석(礪石)〈천진산(天眞山)에서 나온다〉·적토(赤土)〈품질이 좋다〉·철(鐵)·벌꿀[봉밀(蜂蜜)]·지황(地黃)·배[이(梨)]·갈대[노초(蘆草)]·위어(葦魚)·숭어[수어(秀魚)]·붕어[즉어(鯽魚)]·누치[눌어(訥魚)]·쏘가리[금린어(錦鱗魚)]·게[해(蟹)]·새우[세하(細鰕)]〈상품(上品)이다〉

『장시』(場市)

읍내장은 1일·6일이고 동산장(東山場)은 2일·7일이며 가우장(加隅場)은 2일·7일이고 연파장(延坡場)은 4일·9일이다.

『누정』(樓亭)

벽파정(碧波亭)·태허루(太虛樓)·월파루(月波樓)·죽루(竹樓)·태고정(太古亭)

『사원』(祠院)

백녹동서원(白鹿洞書院)〈선조 무자년(1588)에 건축하였고 경종 신축년(1721)에 사액받았다〉에 주자(朱子)·김굉필(金宏弼)·이이(李珥)〈모두 문묘에 보인다〉를 모셨다.

『전고』(典故)

고려 목종(穆宗) 12년(1009)에 강조(康兆)가 태후 황보(皇甫)씨〈경종(景宗)의 비(妃)이며 목종(穆宗)의 어머니이다)를 황주(黃州)로 추방하였다.

의종(毅宗) 22년(1168)에 왕이 장차 서경에 가려는 중 황주 동선역(洞仙驛)에 머물러 벽파정에서 연회를 베풀고 또 남계(南溪)〈족금루(簇錦溪)이다〉에서 배를 띠워 노닐며 밤늦도록 즐겼다. 고종 3년(1216)에 거란의 군대가 물이 언 틈을 타고 대동강을 건너와 황주를 도륙하였다. 고종 18년(1231)에 몽고병이 황주와 봉주에 쳐들어와서 2주(州)의 태수가 백성을 이끌고 철도(鐵島)로 들어가 지켰다. 삼군(三軍)이 동선역에 주둔하였는데 몽고병 8,000명이 갑자기 기습하여 군대가 놀라 무너졌다. 상장군(上將軍) 이자성(李子晟) 등이 죽을 힘을 다하여 싸워 그들을 물리치니 관군이 이긴 틈을 타서 그들을 물리쳤다. 고종 23년(1236) 몽고병의 선봉이 황주에 들어왔다. 공민왕 8년(1359)에 강절평장(江浙平章) 화니적(火尼赤)이 바람에 표류하여 황주 철화강(鐵和江)에 와서 정박하며 수정월(水精鉞: 수정으로 만든 도끼/역자주)을 바쳤다. 공민왕 9년(1360)에 홍건적이 황주를 침략하여 목사(牧使) 민후(閔珝)와 더불어 철화강에서 싸워 20여급의 적을 목베고 포로를 잡았다. 상장군 이방실(李芳實)이 홍건적을 철화에서 만나 100여급을 목베었다.

○조선 선조(宣祖) 26년(1593) 7월에 왕이 강서(江西)로부터 황주로 나아가 이여송(李如松: 임진왜란 때 명나라 군사를 이끌고 와서 싸운 지휘관/역자주)이 철병(撤兵)하여 돌아가는 것을 전송하였다. 인조 5년(1627)에 후금의 군대가 갑자기 이르러 병사 정호서(丁好恕)가 성을 버리고 달아났다. 인조 14년(1636)에 청나라 군대가 대거 들어왔다. 도원수(都元帥) 김자점(金自點)이 정방산성을 지키고 있다가 군대를 일으켜 동선에서 싸웠는데 죽은 자와 잡힌 자가 꽤 있었다. 인하여 군대를 이끌고 토산(兔山)으로 달아났으나 또 패하여 자결하였다.〈토산(兔山)에 보인다〉

2. 평산도호부(平山都護府)

『연혁』(沿革)

본래 고구려 다지홀(多知忽)이었는데 후에 대곡(大谷)으로 고쳤다. 신라 경덕왕 6년(747)에 대곡성(大谷城)을 두었고 16년(757)에 영풍군(永豊郡)으로 고치고〈영현(領縣)은 2곳이니 신은(新恩)과 단계(檀溪)이다. ○『삼국사(三國史)』에 이르기를 경덕왕 18년(759)에 대곡성에

두상대감(頭上大監)을 두었고, 선덕왕(宣德王) 4년(783)에 아찬(阿飡) 체신(體信)을 대곡진
군주(大谷鎭軍主)로 삼았다〉한주(漢州)에 예속시켰다. 고려 태조 23년(940)에 평주로 고치고,
성종 14년에 부흥군에 병합하였다. 충렬왕 때 다시 두었고, 공양왕 3년에 경기우도로 옮겨 예
속시켰다. 조선 태조 3년(1394)에 돌이켜서 본도에 예속시켰다. 태종 13년(1413)에 평산도호
부로 고치고, 철종 2년(1851)에 현으로 강등시켰다가 철종 11년(1860)에 다시 올렸다.

「읍호」(邑號)

연덕(延德)·동양(東陽)

「관원」(官員)

도호부사(都護府使)〈황주진관병마 동첨절제(黃州鎭管兵馬同僉節制)와 후영장(後營將)
태백산성 수성장(太白山城守城將)을 겸한다〉1원이 있다.

『방면』(方面)

읍내면(邑內面)〈읍치로부터 10리에서 시작하여 20리에서 끝난다〉

금암면(金巖面)〈읍치로부터 남쪽 10리에서 시작하여 20리에서 끝난다〉

서봉면(西峰面)〈읍치로부터 서쪽 10리에서 시작하여 30리에서 끝난다〉

보산면(寶山面)〈읍치로부터 북동쪽 20리에서 시작하여 70리에서 끝난다〉

안성면(安城面)〈읍치로부터 북쪽 30리에서 시작하여 60리에서 끝난다〉

문구면(文邱面)〈읍치로부터 서쪽 30리에서 시작하여 70리에서 끝난다〉

신읍면(新邑面)〈위와 같다〉

고지면(古之面)〈읍치로부터 남쪽 30리에서 시작하여 50리에서 끝난다〉

세곡면(細谷面)〈읍치로부터 서쪽 40리에서 시작하여 90리에서 끝난다〉

적암면(積巖面)〈읍치로부터 서남쪽 60리에서 시작하여 70리에서 끝난다〉

상월면(上月面)〈읍치로부터 서북쪽 80리에서 시작하여 120리에서 끝난다〉

하월면(下月面)〈위와 같다〉

방동면(方洞面)〈읍치로부터 서남쪽 90리에서 시작하여 120리에서 끝난다〉

마산면(馬山面)〈읍치로부터 서쪽 100리에서 시작하여 120리에서 끝난다〉

궁위면(弓位面)〈읍치로부터 서남쪽 100리에서 시작하여 140리에서 끝난다〉

개일면(介日面)〈읍치로부터 서남쪽 120리에서 시작하여 140리에서 끝난다〉

도륭면(道隆面)〈읍치로부터 서남쪽 140리에서 시작하여 160리에서 끝난다〉

외읍면(外邑面)〈읍치로부터 동쪽 10리에서 시작하여 40리에서 끝난다〉

『산수』(山水)

멸악산00(滅岳山)〈일명 금악산(錦岳山)이라 한다. 읍치로부터 서쪽 60리에 있다. 웅대한 반석이 높고 큰데, 동쪽에는 화천동(花川洞)이 자못 텅비어 넓고 토지는 풍요하고 비옥하다. 대대로 전하기를 완안씨(完顔氏: 여진족 추장의 성(姓)/역자주) 조상의 무덤이 그 땅에 있다고 한다〉

성악산(省惡山)〈읍치로부터 서북쪽 40리에 있다〉

월봉산(月峯山)〈읍치로부터 서남쪽 75리에 있다〉

연봉산(烟峯山)〈읍치로부터 서남쪽 70리에 있다. 국사봉(國師峯)이 있다〉

운봉산(雲峰山)〈읍치로부터 서쪽 60리에 있다〉

감악산(紺岳山)〈읍치로부터 서북쪽 13리에 있다〉

철봉산(鐵峯山)·만송산(萬松山)·서봉산(西峰山)〈모두 읍치로부터 서쪽 20리에 있다〉

성불산(成佛山)〈읍치로부터 서쪽 50리에 있다〉

목단산(牧丹山)〈읍치로부터 서남쪽 60리에 있다〉

금강산(金剛山)〈읍치로부터 서쪽 60리에 있다〉

총수산(葱秀山)〈읍치로부터 북쪽 30리에 있다. 암석이 빼어나고 치솟은 벽이 물가에 있으니 마치 흙무더기가 떨어지려는 것과 같다. 물살이 격하게 바위에 부딪히면서 꾸불꾸불 돌아 동쪽으로 흐른다〉

운달산(雲達山)〈읍치로부터 서쪽 100리에 있다〉

운두산(雲頭山)〈읍치로부터 서남쪽 70리에 있다. 배천[백천(白川)]과의 경계이다〉

구봉산(九峯山)〈읍치로부터 서남쪽 50리에 있다〉

취적산(吹笛山)〈읍치로부터 서남쪽 40리에 있다. 모두 금천(金川)과의 경계이다〉

옥계산(玉溪山)〈읍치로부터 서북쪽 10리에 있다〉

고정산(高頂山)〈읍치로부터 북쪽 50리에 있다. 서쪽가지는 황룡산(黃龍山)이라고 한다〉

속용산(束聳山)〈읍치로부터 서남쪽 140리에 있다〉

천태산(天台山)〈읍치로부터 서남쪽 110리에 있다. 태조봉(太祖峯)이 있다〉

극락산(極樂山)〈읍치로부터 서남쪽 100리에 있다〉

소래산(蘇來山)〈일명 성곶(聲串)이라 한다. 읍치로부터 서남쪽 150리에 있다. 위의 4산은 산등성이가 해주와 연안의 사이로 들어가 바닷가에서 멈춘다. 땅은 모두 원야(原野)이나 해포(海浦)를 끼고 있다〉

소라산(所羅山)〈서봉산(西峯山)의 서쪽가지이다〉

「영로」(嶺路)

상차령(上車嶺)〈읍치로부터 북쪽 60리에 있는데 서흥(瑞興)과의 경계이다〉

차현(車峴)〈북쪽 10리에 있다〉

금암현(金岩峴)〈읍치로부터 동남쪽 3리에 있다〉

의현(衣峴)〈읍치로부터 남쪽 15리에 있다. 위의 4곳은 남북으로 통행하는 대로이다〉

희어현(希於峴)〈읍치로부터 서남쪽 100리에 있다. 연안(延安)과의 경계이다〉

사동현(沙東峴)〈읍치로부터 동북쪽 40리에 있다〉

반석현(盤石峴)〈읍치로부터 동북쪽 50리에 있다. 신계(新溪)와의 경계이며 모두 소로(小路)이다〉

○예성강(禮成江)〈신계(新溪)와 율탄(栗灘)에서부터 남쪽으로 흘러 기탄(岐灘)이 되고, 도화곡(桃花谷)의 장군암(將軍岩)을 거쳐 태백산성을 돌아 전탄(箭灘)이 된다. 박석대(泊石臺)를 경유하여 저탄강(猪灘江)이 되고 왼쪽은 금천(金川)과의 경계가 된다. 백제는 이 강을 패수(浿水)라 하였다〉

총수천(葱秀川)〈읍치로부터 북쪽 30리에 있다. 금악(錦岳)의 북쪽에서 나와서 동쪽으로 흘러 안성참(安城站)을 지나고 총수산의 서쪽과 보산역(寶山驛)의 남쪽을 경유하여 소천(小川)을 지나 동북쪽으로 흘러 기탄(岐灘) 하류로 들어간다〉

사매천(賜梅川)〈읍치로부터 남쪽 20리에 있다. 금악의 남쪽에서 나와서 동남쪽으로 흘러 세곡(細谷)에 이르러 오른쪽으로 독천(禿川)을 지나고 취적산(吹笛山)을 경유하여 동쪽으로 흘러 왼쪽으로 누천(漏川)을 지나 저탄(猪灘)의 하류로 들어간다〉

삼탄(三灘)〈설봉산(雲峯山)에서 나와 서남쪽으로 흘러 석탄이 되고 탁영대(濯瓔臺)를 경유한다. 읍치로부터 80리 거리이다. 해주 청단(靑丹)의 동쪽에 이르러 삼탄이 되어 바다로 들어간다〉

독천(禿川)〈읍치로부터 남쪽 50리에 있다. 배천[백천(白川)] 황의산(黃衣山)에서 나와서

동북으로 흘러 사매천으로 들어간다〉

지경천(地境川)〈읍치로부터 서남쪽 100리에 있다. 연봉산(烟峯山)에서 나와서 서남쪽으로 흘러 바다로 들어간다. 삽교(揷橋)가 있다〉

비파천(琵琶川)〈읍치로부터 서쪽 100리에 있다. 재령(載寧) 청석령(靑石嶺)에서 나와서 기린역(麒麟驛)을 빙둘러서 돌아 서쪽으로 흘러 합탄(蛤灘)으로 들어간다〉

소천(小川)〈읍치로부터 북쪽 15리에 있고 금악의 동쪽에서 나와서 동쪽으로 흘러 총수천으로 들어간다〉

누천(漏川)〈읍치로부터 서쪽 12리에 있다. 철봉산(鐵峯山)과 소라산(所羅山)의 두 산의 물이 만나서 동남쪽으로 흘러 사매천으로 들어간다〉

진천(眞川)〈읍치로부터 서쪽 100리에 있다. 운달산에서 나와서 서쪽으로 흘러 전방천(箭防川)으로 들어간다〉

남천(南川)〈서봉산(西峯山)에서 나와서 동쪽으로 흘러 부(府)의 남쪽을 경유하여 태백산성(太白山城)을 돌아서 전탄(箭灘)의 상류로 들어간다〉

온천(溫泉)〈읍치로부터 서남쪽 55리에 있다. 적암면(積岩面)에 석란(石欄)이라는 목욕하는 곳이 있는데 물이 매우 뜨겁다. ○고려 문종 35년(1081)에 왕이 평주(平州) 온천(溫泉)에 갔다. 충렬왕 11년(1285)에 왕이 원(元) 공주와 세자와 더불어 평주 온정(溫井)에서 수렵하였다. 이 해에 여러차례 그곳에 갔다. 12년에 왕이 평주 온정에 갔다. 충선왕 4년(1312)에 왕이 온천에서 사냥하였다. 공양왕 3년에 우리 태조가 질병 때문에 전(箋)을 올려 사직하고 드디어 평주 온정에 갔다. ○조선 태조 원년(1392)에 평주 온정에 가서 어가(御駕)를 들에 치고 머물면서 상락백(上洛伯) 김사형(金士衡)등과 더불어 서로 이어 술을 마시니 친하기가 옛날과 같았다〉

【제언(堤堰)은 3곳이고 동보(垌洑)는 3곳이다】

『성지』(城池)

태백산성(太白山城)〈읍치로부터 동쪽 4리에 있다. 신라 경덕왕 21년(762)에 쌓은 후에 성황산성(城隍山城)이라고 불렀다. 조선 영조 때 기반을 개척하여 다시 쌓았다. 둘레는 12,111자이고 곡성(曲城)은 4곳이며 옹성(甕城)은 8곳이고 성문은 4개이다. 동문 밖 10여보에는 큰 내[천(川)]가 성을 둘러싸고 흐르는데 저탄(猪灘)의 상류이다. ○수성장은 본부사를 겸하며 별장

과 승장(僧將)이 있다〉

자모산고성(慈母山古城)〈읍치로부터 서남쪽 70리에 있다. 둘레는 2,480자이고 우물은 1곳이다. 조선 명종 때 극적(劇賊) 임꺽정(林居正)이 이곳을 근거해서 일어났다. 인조 병자호란 때 근방의 백성 수만명이 군대를 피하여 이곳에서 보존하여 살아났다〉

철봉산고성(鐵峯山古城)〈읍치로부터 서쪽 20리에 있다. 둘레는 1,213자이고 우물은 1개이다〉

『영아』(營衙)

후영(後營)〈숙종 조에 설치되었다. ○후영장(後營將) 1원은 본부사(本府使)를 겸한다. ○속읍(屬邑)은 평산 해주 서흥 금천이고 속진(屬鎭)은 선적(善積) 소기(所己)이다〉

『봉수』(烽燧)

남선(南山)〈남리(南里)에 있다〉

봉자산(奉子山)〈읍치로부터 북쪽 40리에 있다〉

독발산(禿鉢山)〈읍치로부터 북쪽 40리에 있다〉

성곶(聲串)〈읍치로부터 서남쪽 150리에 있다〉

『창고』(倉庫)

읍창·향창(餉倉)〈산성(山城)에 있다〉·해창(海倉)〈도륭면(道隆面)에 있다〉·신읍창(新邑倉)〈신읍면(新邑面)에 있다〉·온정창(溫井倉)·광대창(廣大倉)〈읍치로부터 서쪽 50리에 있다〉·천성창(天城倉)〈읍치로부터 서북쪽 60리에 있다〉·기린창(麒麟倉)·금교창(金郊倉)

『역참』(驛站)

금교도(金郊道)〈옛적에는 강음현(江陰縣)에 있었으나 강음을 혁파한 후에 찰방(察訪)을 옮겨 본부 보산역(寶山驛)에 두었고 찰방 1원은 역(驛)에 소속되어 들어갔다〉

기린도(麒麟道)〈읍치로부터 서쪽 70리에 있다. 찰방(察訪) 1원이 있고 속역(屬驛)은 11곳이다〉

금암역(金岩驛)〈읍치로부터 남쪽 7리에 있다〉

보산역(寶山驛)〈읍치로부터 북쪽 20리에 있다〉

안성역(安城驛)〈읍치로부터 북쪽 50리에 있다〉

「혁폐」(革廢)

반석역(班石驛)·온천역(溫泉驛)

「기발」(騎撥)

관문참(官門站)·석우참(石隅站)·안성참(安城站)

『진도』(津渡)

저탄(猪灘)〈읍치로부터 동남쪽 25리에 있다. 금천대로(金川大路)로 통한다〉

전탄(箭灘)〈읍치로부터 동쪽 15리에 있다. 토산(兔山)으로 통한다. 위의 두 곳은 겨울에는 다리를 이용하고 여름에는 배를 이용한다〉

기탄(岐灘)〈읍치로부터 동북쪽 40리에 있다. 신계(新溪)로 통한다〉

총수교(蔥秀橋)〈읍치로부터 북쪽 30리에 있다. 서흥(瑞興)으로 통한다〉

석탄교(石灘橋)〈읍치로부터 서쪽 80리에 있다. 해주(海州)로 통한다〉

금교남천교(金郊南川橋)·부남천교(府南川橋)〈모두 남북대로(南北大路)이다〉

삽교(挿橋)〈읍치로부터 서남쪽 140리에 있다. 연안(延安)으로부터 해주대로(海州大路)로 통한다〉

『토산』(土産)

청려석(靑礪石)〈보산(寶山)에서 난다〉·적토(赤土)〈성악산(省惡山)에서 난다〉·철(鐵)·배[이(梨)]·밤[율(栗)]·오미자(五味子)·석이버석[석심(石蕈)]·지치[자초(紫草)]·누치[눌어(訥魚)]·붕어[즉어(鯽魚)]·게[해(蟹)]

『장시』(場市)

읍내장(邑內場)은 1일·6일이고 석우장(石隅場)은 3일·8일이며 석교장(石橋場)은 1일·6일이고 기린장(麒麟場)은 1일·6일이며 삽교장(挿橋場)은 4일·9일이고 탁영대장(濯纓臺場)은 5일·10일이며 온정장(溫井場)은 4일·9일이고 쌍교장(雙橋場)은 3일·8일이며 적암장(積岩場)은 3일·8일이고 누천장(漏川場)은 2일·7일이며 남천장(南川場)은 5일·10일이다.

『궁실』(宮室)

영소대(靈沼臺)〈기린역에 있다. 효종이 심양(瀋陽)으로부터 돌아올 때 이곳에서 머물러 묵었다〉

총관(蔥館)〈중국 사신이 머무는 곳이다〉

『사원』(祠院)

동양서원(東陽書院)〈효종 경인년(1650)에 건축하였고, 숙종 정묘년(1687)에 사액되었다〉에서 신숭겸(申崇謙)〈마전(麻田)조를 보라〉과 이색(李穡)〈장연(長淵)에 보인다〉을 제사지낸다.

○구봉서원(九峯書院)〈숙종 병자년(1696)에 건축하였고 정축년(1697)에 사액되었다〉에 박세채(朴世采)〈문묘에 보인다〉를 제사드린다.

○태사사(太師祠)〈태백산성에 있다. 고려 때 건축되었고 정조 병진년(1796)에 사액되었다〉에는 신숭겸 유금필(庾黔弼) 복지겸(卜智謙)〈이상은 철상(鐵像)이다〉과 배현경(裵玄慶)〈이상은 마전(麻田)에 보인다〉을 모신다.

『전고』(典故)

고구려 광개토왕 4년(394)에 백제와 더불어 패수(浿水)〈저탄(猪灘)이다〉의 상류에서 싸웠는데 그들을 크게 패배시켜 8,000여명을 노획(虜獲)하였다. 안장왕(安藏王) 5년(523)에 백제를 침략하여 패수에 이르렀는데 백제 왕이 장수에게 명하여 보병과 기병 1만명으로 그들을 격퇴시켜서 고구려 군대가 물러갔다. 고려 의종 22년(1168)에 왕이 서경에 행차하였는데 평주(平州) 숭수원(崇壽院)〈총수(蔥秀)의 동쪽에 있다〉 서정(西亭)에 이르러 남계(南溪)에서 작은 배를 띠워 노닐면서 감상하였다. 고종 18년(1231)에 몽고 군대가 평주 성중에 돌입하여 주의 관원을 죽이고 성을 도륙하고 모두 불태워 사람도 짐승도 전부 텅비었다.

고종 40년(1253)에 몽고가 장차 그들에게 굴복하여 돌아가는데 교동별초(喬桐別抄)가 평주성 밖에 복병하고 있다가 밤에 몽고가 들어오자 많은 몽고병을 격살(擊殺)하였다. 교위(校尉) 장자방(張子邦)은 짧은 칼[단병(短兵)]을 잡고 주둔해 있던 병사를 손수 죽인 것이 20여인이었다. 고종 45년(1258) 몽고 장수 여수달(余愁達)이 평주 보산역에 군대를 주둔시켰다. 충숙왕 16년(1329)에 왕이 평주에 있었는데 지난해 8월부터 나와서 천신산(天神山)〈강음현(江陰縣)에 있다〉 아래에 임시 거처를 짓고 통나무 껍질로 지붕을 덮었다. 우왕 3년(1377)에 왜구가 평주에 들어와서 최영(崔瑩)이 원수(元帥)들을 거느리고 격퇴시켜 물리쳤다.

　　○조선 태종 13년(1413)에 해주에서 강무(講武)하고 평주에 행차하였다. 인조 5년(1627)에 후금의 군대가 황주에 도착하여 사신 협화진(脅和進)을 보내었다. 평산에 이르렀으나 마침 큰 비가 내려 강의 물이 넘쳐 건널 수가 없었다. 유해(劉海) 등을 보내 강도(江都: 몽고 침입시기의 고려의 임시 수도인 강화도/역자주)에 들어가 화의(和議)를 맺었다.

3. 서흥현(瑞興縣)

『연혁』(沿革)

　　본래 고구려의 궁화운홀(弓化云忽)〈일명 우차탄홀(于次呑忽)이라고 한다〉이었는데 후에 오곡성(五谷城)이라 고쳤다. 신라 경덕왕 16년(757)에 오관군(五關郡)〈영현은 1곳이니 진서(鎭瑞)이다〉이라 고치고 한주(漢州)에 예속시켰다. 고려 태조 23년(940)에 동주(洞州)라 고치고, 성종 14년(995)에 방어사(防禦使)를 두었다. 현종 3년(1012)에 폐하여 평주에 속하게 하였다. 원종 때 서흥현령(瑞興縣令)을 두었다.〈왕의 태(胎)를 이곳에 봉안하였기 때문이다〉 공양왕 3년(1391)에 경기우도에 예속시켰고 조선 태조 3년(1394)에 본도에 되돌렸다. 태종 15년(1315)에 군으로 올렸다. 세종 6년(1424)에 도호부로 올리고〈중국에 들어가 관리가 된 윤봉(尹鳳)의 고향이었기 때문이다〉, 현종 12년에 특명으로 백년동안 현으로 강등시켰다. 〈조대립(趙大立)의 반란군이 부사(府使) 이우주(李宇柱)를 살해하였기 때문이다〉 영조 38년(1762)에 다시 복구하였다. 정조 원년(1777)에 현으로 강등하였고 10년(1786)에 다시 올렸다.〈고읍(古邑)의 터는 동쪽 35리에 있다. 세조 때 지금의 읍치로 옮겨 설치하였다〉

「읍호」(邑號)

　　농서(隴西)〈고려 성종이 정하였다〉·서성(瑞城)·옥곡(玉谷)

「관원」(官員)

　　도호부사(都護府使)〈황주진관병마 동첨절제사(黃州鎭管兵馬 同僉節制使)를 겸하고 대현산성 수성장(大峴山城 守城將)을 겸한다〉 1원이 있다.

『방면』(方面)

동부방(東部坊)〈읍치로부터 30리에서 끝난다〉

매향방(梅香坊)〈읍치로부터 동쪽 40리에 있다〉

구정방(九井坊)〈읍치로부터 북쪽 60리에 있다〉

율리방(栗里坊)〈읍치로부터 북쪽 40리에 있다〉

도의평방(刀衣坪坊)〈읍치로부터 북쪽 45리에서 시작하여 80리에서 끝난다〉

세평방(細坪坊)〈읍치로부터 북쪽 60리에서 시작하여 80리에서 끝난다〉

소사방(所沙坊)〈읍치로부터 북쪽 40리에서 시작하여 60리에서 끝난다〉

목감방(牧監坊)〈읍치로부터 서북쪽 10리에서 시작하여 45리에서 끝난다〉

평리방(坪里坊)〈읍치로부터 서쪽 10리에서 시작하여 30리에서 끝난다〉

소기방(所己坊)〈읍치로부터 서북쪽 30리에서 시작하여 50리에서 끝난다〉

전막지방(田莫知坊)〈읍치로부터 남쪽 5리에서 시작하여 30리에서 끝난다〉

화동방(禾洞坊)〈읍치로부터 동남쪽 10리에서 시작하여 30리에서 끝난다. 초이소(酢梨所)
는 자비령(慈悲嶺) 아래에 있다〉

『산수』(山水)

대니산(大尼山)〈읍치로부터 북쪽 5리에 있다〉

백서산(白鼠山)〈읍치로부터 동쪽 2리에 있다〉

황룡산(黃龍山)〈읍치로부터 동남쪽 30리에 있다. 평산과의 경계이다〉

운마산(雲摩山)〈읍치로부터 서쪽 20리에 있다. 석문사(石門寺)가 있다〉

웅파산(熊坡山)〈읍치로부터 동북쪽 40리에 있다. 수안(遂安)과의 경계이다〉

소비산(小非山)·금대산(金臺山)〈모두 읍치로부터 북쪽 70리에 있다〉

고덕산(高德山)〈읍치로부터 북쪽 24리에 있다〉

오덕산(五德山)〈읍치로부터 동북쪽 20리에 있다〉

정족산(鼎足山)〈읍치로부터 서남쪽 30리에 있다〉

오봉산(五峯山)〈읍치로부터 동쪽 50리에 있다. 신계(新溪)와 수안(遂安)과의 경계이다〉

오봉산(五峯山)〈읍치로부터 북쪽 55리에 있다〉

나장산(羅帳山)〈읍치로부터 북쪽 25리에 있다. 귀진사(歸眞寺)가 있다〉

가흥산(佳興山)〈읍치로부터 서쪽 30리에 있다〉

구정산(九井山)〈읍치로부터 북쪽 50리에 있다〉

덕암(德巖)〈읍치로부터 서쪽 30리에 있다〉

병암(屛巖)〈읍치로부터 동쪽 10리에 있다〉

「영로」(嶺路)

상차령(上車嶺)〈읍치로부터 동남쪽 20리에 있다. 평산대로(平山大路)로 통한다〉

여계령(餘界嶺)〈읍치로부터 서북쪽 45리에 있다. 봉산(鳳山)과의 경계이다〉

자비령(慈悲嶺)〈읍치로부터 여계령의 동쪽이다. 옛날에는 절령(岊嶺)이라 하였다. 자비사(慈悲寺)가 있어서 그 이름이 되었다. 지세가 가파르기도 하고 험하여 막히거나 끊어져 있어서 원나라 때 이 고개로서 경계를 삼았다. 조선 세조 때에 폐하였다가 이어 동선영로(洞仙嶺路)를 열었다〉

산이령(酸梨嶺)〈읍치로부터 북쪽 40리에 있다. 자비령의 동쪽이다. 위의 3곳은 황주의 경계이며 아울러 소기진(所己鎭)의 방수(防守)이다〉

성현(城峴)〈읍치로부터 북쪽 45리에 있다〉

돌현(禿峙)〈읍치로부터 북쪽 25리에 있다〉

건은령(件隱嶺)〈읍치로부터 동북쪽 50리에 있으며 수안과의 경계이다〉

동현(東峴)〈읍치로부터 동북쪽 30리에 있다〉

자은령(自隱嶺)〈읍치로부터 북쪽 50리에 있다. 위의 5곳은 모두 선적진(善積鎭)의 방수(防守)이다〉

우현(牛峴)〈읍치로부터 서남쪽 40리에 있다〉

칙유령(勅踰嶺)〈읍치로부터 소기진(所己鎭)으로 가는 길이다〉

목치(木峙)〈읍치로부터 소기진의 북쪽에 있다〉

능현(陵峴)〈읍치로부터 북쪽 60리에 있다〉

서흥현(瑞興峴)〈읍치로부터 북쪽 70리에 있다. 황주와의 경계이다. 황주로부터 수안로(遂安路)로 통한다〉

하현(下峴) 노파현(老波峴) 복재현(卜載峴) 이현(伊峴) 고석현(鼓石峴)〈이 고개들은 동북으로 가는 길이다〉

【매도치(每島峙)는 읍치로부터 남쪽 25리에 있다】

【금참(金站)은 읍치로부터 남쪽 20리에 있고 식참(食站)은 읍치로부터 남쪽으로 40리에 있다】

○율리천(栗里川)〈읍치로부터 동북쪽 15리에 있다. 나장산(羅帳山)에서 나와서 남쪽 흘러 남천(南川)으로 들어간다〉

남천(南川)〈물의 근원은 웅파산(熊坡山)의 부연(釜淵)에서 나와서 서쪽으로 흘러 옛 읍치를 경유하여 오른쪽으로는 율리천을 지나고 왼쪽으로는 용천(龍泉)을 지나는데, 이 물이 부(府)의 남쪽을 경유하여 남천(南川)이 된다. 서쪽 15리에 이르러 호랑연(濠浪淵)이 되고, 왼쪽으로 매마치(每馬峙)의 물과 정족산(鼎足山)의 물과 합하여 아래로 흘러 벽탄(碧灘)이 된다. 운마산(雲磨山)의 남쪽을 경유하여 왼쪽으로 흥수원천(興水院川)을 지나 봉산(鳳山)의 경계에 이르면 구연(龜淵)이 된다〉

흥수원천(興水院川)〈읍치로부터 서쪽 32리에 있다. 자비령에서 나와서 남쪽으로 흘러 남천으로 들어간다〉

선적천(善積川)〈웅파산(熊坡山)에서 나와서 서쪽으로 흘러 선적진을 경유하여 도의평천(刀衣坪川)과 합쳐진다〉

도의평천(刀衣坪川)〈수안(遂安) 천자(天子) 두미(豆尾) 등의 여러 산에서 물이 나와서 서쪽으로 흘러 도의평(刀衣坪) 세평(細坪)의 서쪽을 경유하여 황주(黃州) 어초천(於草川)이 된다〉

자연(紫淵)〈읍치로부터 북쪽 70리에 있다. 건은령(件隱嶺)에서 나와서 수안에 미쳐 합류하여 벽어연(碧魚淵)으로 들어간다〉

부연(釜淵)〈웅파산(熊坡山)의 물이 폭포처럼 흘러 연못을 이루니 마치 솟 같이 검푸르러 경탄할 만하다〉

용천(龍泉)〈읍치로부터 남동쪽 10리에 있다. 산록에서 물이 솟아올라 개천을 이루었다〉

『성지』(城池)

대현산성(大峴山城)〈읍치로부터 동쪽 30리에 있고 고읍(古邑)은 북쪽 5리에 있다. 신라 경덕왕 21년(762)에 쌓았다. 조선에서 다시 쌓았으니 둘레가 20,238자이고 옹성(甕城)은 4곳이고 샘은 2곳이고, 못은 1곳이다. 성 안에 월영대(月迎臺)가 있다. ○수성장(守城將)은 본부사(本府使)가 겸한다. 별장(別將) 1원이 있다〉

성현고성(城峴古城)〈겨우 옛 터가 있을 뿐이다〉

『진보』(鎭堡)

선적진(善積鎭)〈읍치로부터 북쪽 40리에 있다. 옛날에는 만호가 있었다. 숙종 9년(1683)에 신당진(新塘鎭)으로 내속되어 첨사(僉使)로 승격되었다. ○방수(防守)는 성현(城峴) 독치(禿峙) 건은령(件隱嶺) 동현(東峴) 자은령(自隱嶺)이다. ○병마동첨절제사(兵馬同僉節制使) 1원이 있다〉

소기진(所己鎭)〈읍치로부터 서북쪽 40리에 있다. 숙종 6년(1680)에 소기와 범한(凡汗) 2둔(屯)을 합쳐서 진(鎭)을 설치하고 둔장(屯長)을 만호(萬戶)로 승격시켰다. 방수(防守)는 신이령(酸梨嶺) 자비령(慈悲嶺) 여계령(餘界嶺)이다 ○병마만호(兵馬萬戶) 1원이 있다〉

「혁폐」(革廢)

신당진(新塘鎭)〈읍치로부터 북쪽 30리에 있다. 숙종조에 신당(新塘) 병풍(屛風) 양 둔(屯)을 합하여 진(鎭)을 설치하고 만호(萬戶)를 두었다. 방수(防守)는 자은령(自隱嶺) 독치(禿峙) 노파령(老坡嶺)이다. 숙종 9년(1683)에 선적진으로 합하였다〉

절령책(岊嶺柵)〈공민왕 10년(1361)에 이여경(李餘慶)을 보내어 절령(岊嶺)에 목책(木柵)을 설치하였으니 장차 홍건적(紅巾賊)에 대항하기 위함이었다. 이하는 전고에 상세하다〉

『봉수』(烽燧)

회산(回山)〈읍치로부터 남쪽 10리에 있다〉

소마산(所亇山)〈읍치로부터 서북쪽 20리에 있다〉

『창고』(倉庫)

읍창·화창(禾倉)〈화동(禾洞)에 있다〉·북창(北倉)〈읍치로부터 북쪽 45리에 있다〉·향창(餉倉)〈산성(山城)에 있다〉

『역참』(驛站)

용천역(龍泉驛)〈읍치로부터 동쪽 10리에 있다〉·신흥역(新興驛)

「혁폐」(革廢)

절령도(岊嶺道)〈자비령(慈悲嶺)의 아래 봉우리에 있다. 줄이고 폐한 후에 봉산군(鳳山郡) 검수(劍水)로 역을 옮겼다〉

「기발」(騎撥)

관문참(官門站)·서산참(西山站)

『목장』(牧場)

「혁폐」(革廢)

농서장(隴西場)〈고려 때 설치하였다. 목감방(牧監坊)에 있다〉

『교량』(橋梁)

남천교(南川橋)·흥수원천교(興水院川橋)〈모두 남북으로 통하는 대로이다〉

『토산』(土産)

철(鐵)·석이버섯[석심(石蕈)]·벌꿀[봉밀(蜂蜜)]·잣[해송자(海松子)]·배[이(梨)]·옻[칠(漆)]·오미자(五味子)·지치[자초(紫草)]·누치[눌어(訥魚)]·쏘가리[금린어(錦鱗魚)]·활[궁간(弓幹)]·[상(桑)]〈구정산(九井山)에서 난다〉

『장시』(場市)

읍내장은 2일·7일이고 덕우장(德隅場)은 2일·7일이며 흥수원장(興水院場)은 4일·9일이고 가막장(加莫場)은 4일·9일이며 능리장(陵里場)은 4일·9일이다.

『누정』(樓亭)

농서정(隴山亭)〈부(府) 안에 있다〉·영파루(暎波樓)〈운종관(雲從館)에 있다〉

『단유』(壇壝)

부연단(釜淵壇)〈본부(本府)에서 봄 가을에 제사를 지낸다〉

『사원』(祠院)

화곡서원(花谷書院)〈선조 병진년(선조때는 병진년이 없고 광해군 병진년은 1616년임/역자주)에 건조하고 동년에 사액받았다〉에서 김굉필(金宏弼)과 이이(李珥)〈모두 문묘(文廟)에 보인다〉 김유(金楺)〈호는 검재(儉齋)이고 청풍(淸風) 사람이다. 관직은 이조참판(吏曹參判)에 올랐으며 문형(文衡)을 잡았다. 영의정(領議政)에 추증(追贈)되었으며 시호(諡號)는 문경(文敬)이다〉를 제향한다.

『전고』(典故)

고구려 안장왕(安藏王) 11년(529)〈백제 성왕(聖王) 7년〉에 백제와 더불어 오곡(五谷)에서 싸워 이겼다.

○고려 문종 7년(1053)에 왕이 서경으로부터 자비령 미륵원(彌勒院)에 들러서 향(香)을 올렸다. 고종 22년(1235)에 몽고병이 동주성(洞州城)을 공파(攻破)하였다. 공민왕 10년(1361)에 홍건적이 무주(撫州)〈지금은 영변(寧邊)에 속한다〉에 주둔하였는데 도지휘사(都指揮使) 이방실(李芳實)이 적(敵)은 많고 아군은 적었기 때문에 검병(劒兵)을 퇴각시키고, 순주(順州) 은율(殷栗) 성주(成州)의 3주(州)와 양암(陽巖) 수덕(樹德) 강동(江東) 삼등(三登) 상원(祥原)의 5현(縣)의 백성과 곡식을 절령책(岊嶺柵)으로 옮길 것을 청하니 왕이 이를 따랐다. 왕이 밀직제학(密直提學) 정사도(鄭思道) 김규(金絿) 등을 절령책을 지키게 하고 이공수(李公遂)는 죽전(竹田)〈어딘지 알 수 없다〉에 주둔하게 했다. 조선 태조가 적의 왕원수(王元帥) 이하 100여급의 머리를 베었다. 적이 절령책 근처에 10,000여명의 군대를 매복시키고 철기(鐵騎) 병정 5000명으로서 책문을 공격하니 아군이 크게 무너졌다. 상원수(上元帥) 안우(安祐) 도병마사(都兵馬使) 김득배(金得培) 등이 단기(單騎)로서 도망쳐 돌아왔다. 공민왕 12년(1363)에 덕흥군(德興君)〈충선왕(忠宣王)의 얼자(孽子)로서 승려가 되어 원나라에 들어갔다. 원에서 그를 왕(王)에 봉(封)하고 원나라 군사 10,000명을 주어서 압록강을 건너서 들어왔다. 조정에서는 모두 두려워 떨었다. 이름은 혜(譓)이고 승명(僧名)은 석기(釋器)이다〉의 난이 일어나니 김서(金湑), 양백안(楊伯顏)등을 보내어 절령책을 지키게 하였다.

4. 곡산현(谷山縣)

『연혁』(沿革)

본래 고구려 덕둔홀(德頓忽)이었는데 후에 덕곡(德谷)이라 고쳤다.〈일명 십곡(十谷) 또는 고곡(古谷)이라 한다〉 신라 경덕왕이 진서(鎭瑞)라 고쳐서 오관부(五關郡)의 영현(領縣)으로 하였다. 고려 태조 23년(940)에 곡주(谷州)라고 고쳤다. 성종 14년(995)에 방어사(防禦使)를 두었고 현종 9년(1018)에 지군사(知郡事)로 고쳤다.〈속현(屬縣)은 2이니 신은(新恩)과 협계(俠溪)이다〉 공양왕 3년(1391)에 경기우도로 이속시켰다. 조선 태조 2년(1393)에 중궁 강씨(中宮 康氏)〈곤덕왕후(坤德王后)〉의 고향이므로 곡산부(谷山府)로 올렸다가 (태조) 3년에 되돌려서 본도에 예속시켰다. 태종 2년(1402)에 지곡주사(知谷州事)로 강등시켰고 태종 13년(1413)에 곡산군(谷山郡)으로 고쳤다. 현종 10년(1669)에 신덕왕후(新德王后)가 복위한 후 도호부(都護府)로 올렸다. 정조 6년(1782)에 현으로 내렸고 15년(1791)에 다시 올렸다. 순조(純祖) 때 현으로 강등하였다가 후에 올렸다.

「읍호」(邑號)

상산(象山)〈고려 성종이 정한 것이다〉·곡성(谷城)

「관원」(官員)

도호부사(都護府使)〈황주진관 병마동첨절제사와 우영장(右營將)을 겸한다〉 1원이다.

『방면』(方面)

읍내방(邑內坊)〈사방이 10리이다〉

동촌방(東村坊)〈읍치로부터 동북쪽 60리, 동쪽 30리에 있다〉

매을미방(買乙彌坊)〈읍치로부터 북쪽 30리에서 시작하여 70리에서 끝난다〉

이령방(伊令坊)〈읍치로부터 동북쪽 70리에서 시작하여 130리에서 끝난다〉

도삼미방(刀三彌坊)〈읍치로부터 북쪽 60리에서 시작하여 90리에서 끝난다〉

사화이방(沙火伊坊)〈읍치로부터 50리에서 시작하여 100리에서 끝난다〉

오사방(吾舍坊)〈읍치로부터 30리에서 시작하여 100리에서 끝난다〉

서촌방(西村坊)〈읍치로부터 서남쪽 20리에서 시작하여 50리에서 끝난다〉

도하방(道下坊)〈읍치로부터 남쪽 15리에서 시작하여 40리에서 끝난다〉

천외방(川外坊)〈읍치로부터 동쪽 10리에서 시작하여 50리에서 끝난다〉

북도방(北道坊)〈읍치로부터 북쪽 10리에서 시작하여 30리에서 끝난다〉

화촌방(花村坊)〈읍치로부터 서북쪽 90리에 있다〉

적곡소방(赤谷所坊)〈읍치로부터 서남쪽 30리에 있다〉

【둔구방(遯舊坊)이 있다】

『산수』(山水)

미륵산(彌勒山)〈북리(北里)에 있다〉

신류산(神留山)〈읍치로부터 동쪽 2리에 있다〉

협올산(峽屼山)〈읍치로부터 동쪽 6리에 있다〉

남산(南山)〈읍치로부터 남쪽 8리에 있다〉

무산(霧山)〈읍치로부터 서북쪽 20리에 있다. 기용연(起龍淵)이 있다〉

덕업산(德業山)〈읍치로부터 남쪽 45리에 있다〉

증격산(甑擊山)〈읍치로부터 서쪽 12리에 있다. ○사효사(思孝寺)가 있다〉

고달산(高達山)〈읍치로부터 동북쪽 55리에 있다. 산이 겹겹이 중첩되어 있어 깊고 험난하며 바위와 골짜기의 경치가 좋다. ○불봉사(佛峯寺)는 북쪽에 있고 운흥사(雲興寺)는 남쪽에 있다. 고달사(高達寺)에는 굴이 있는데 깊이가 끝이 없다〉

달보산(達寶山)〈읍치로부터 동북쪽으로 50리에 있다〉

청량산(淸凉山)〈달보산(達寶山)의 북쪽 가지는 북쪽 50리에 있는데 그윽하고 깊다. ○문수사(文殊寺)는 굴이 있는데 마치 집같고 또한 깊다〉

운련산(雲連山)〈읍치로부터 동쪽 20리에 있다〉

오륜산(五倫山)〈읍치로부터 동북쪽 30리에 있다. 관적사(觀寂寺)가 있다〉

감둔산(甘屯山)〈읍치로부터 북쪽 60리에 있는데 깊고 험하다〉

백운산(白雲山)〈읍치로부터 감둔(甘芚)의 서쪽이다〉

대각산(大角山)〈읍치로부터 서쪽 20리에 있다〉

와룡산(臥龍山)〈읍치로부터 동쪽 30리에 있다〉

백련산(白蓮山)〈읍치로부터 서북쪽 80리에 있다〉

대롱판(大隴阪)〈읍치로부터 서남쪽 50리에 있다〉

조음동(鳥音洞)〈이령방(伊令坊)에 있다. 4산이 높고 험준하며 수풀이 울창하다〉

먹미촌(覔美村)〈읍치로부터 서북쪽 30리에 있다. 계곡은 넓고 큰 시내가 가로질러 흐르며 그 가운데 토지는 비옥하다〉

「영로」(嶺路)

검암령(檢巖嶺)〈읍치로부터 북쪽 40리에 있다〉

은금동령(銀金洞嶺)〈읍치로부터 북쪽 60리에 있다. 위의 2읍은 양덕(楊德) 서창(西倉)으로 통한다〉

민을령(民乙嶺)〈읍치로부터 서쪽 20리에 있다. 수안(遂安)과의 경계이며 대로(大路)이다〉

월현령(月峴嶺)〈읍치로부터 북쪽 30리에 있다〉

마유령(馬踰嶺)〈읍치로부터 북쪽 45리에 있다〉

완항령(緩項嶺)〈읍치로부터 북쪽 80리에 있는데 성천(成川)으로 통한다〉

대령(大嶺)〈읍치로부터 북쪽 70리에 있다〉

먹미촌(覔美村)〈읍치로부터 북쪽 60리에 있다〉

석현(石峴)〈읍치로부터 서남쪽 20리에 있다. 신계대로(神溪大路)로 통한다〉

외치(外峙)〈읍치로부터 서남쪽 50리에 있다. 신계와의 경계이며 대로(大路)이다〉

사현(四峴)〈읍치로부터 북쪽 70리에 있다〉

우령(牛嶺)〈읍치로부터 동북쪽 90리에 있다. 양덕(陽德)으로 통한다〉

차유령(車踰嶺)〈우령(牛嶺)의 북쪽 가지이다〉

미재령(美哉嶺)〈우령의 남쪽 가지이다. 읍치로부터 동북쪽 80리에 있으며 안변(安邊)의 영풍령(永豐嶺) 아래로 통한다. 산대암(山臺庵)이 있다〉

광현(廣峴)〈읍치로부터 동쪽 50리에 있으며 이천(伊川)과의 경계이다. 이천 고미탄(古未灘)으로 통한다〉

건은치(件隱峙)〈읍치로부터 동남쪽 30리에 있다. 이천과의 경계이며 이천으로 통한다〉

○능성강(能成江)〈양덕땅에서 나와서 서남쪽으로 흘러 이령(伊令)의 경계를 지나 여러 골짜기의 물과 만나 도창(刀倉) 유명탄(有鳴灘)을 경유하여 문성(文城)에 이르러 도연(島淵) 말흘탄(末訖灘)이 된다. 왼쪽으로 당저탄(堂底灘)을 지나 서북으로 흘러 능성강(能成江)이 되어 삼등(三登)의 경계로 들어간다. 맨위 권에 상세하다〉

당저탄(堂底灘)〈읍치로부터 동쪽 5리에 있다. 우령(牛嶺)에서 나와 서남쪽으로 흘러 당저

탄이 된다. 가운데 오동도(梧桐島)가 있다. 꺾여서 북쪽으로 흘러 말흘탄으로 들어간다〉

도리포(桃李浦)〈읍치로부터 서남쪽 40리에 있다〉

『성지』(城池)

달보산 고성(達寶山 古城)〈보는 옛날에는 '보(甫)'로 썼다. 둘레는 15,060자이고 샘은 5개이다. 우령로(牛嶺路)의 요충이 된다. 검암령성(檢巖嶺城) 및 이천(伊川)과 더불어 요새처가된다. 평강(平康)의 유진(楡津) 고성(古城) 삼방(三防) 회양(淮陽)의 철령(鐵嶺)은 모두 신라백제 때 북변의 요충이었으니 지금 방어처가 되는 것은 당연하다〉

『진보』(鎭堡)

문성진(文城鎭)〈읍치로부터 북쪽 30리에 검암령(檢岩嶺) 아래에 있다. 신라 경덕왕 21년(762)에 축성하였고 산봉우리 위에는 관(關)을 설치하였다. 조선 중종 때 만호(萬戶)를 두었고숙종 9년(1683)에 첨사(僉使)로 올렸다.

○검암령(檢岩嶺) 민을령(民乙嶺) 월현령(月峴嶺)을 방수한다. ○병마동첨절제사(兵馬同僉節制使) 1원이 있다.

「혁폐」(革廢)

말귀원보(末龜院堡)〈읍치로부터 북쪽 15리에 있다〉

하남산거천보(下南山居遷堡)〈읍치로부터 남쪽 35리에 있다〉

다호천보(多乎遷堡)〈읍치로부터 서북쪽 45리에 있다〉

『창고』(倉庫)

읍창(邑倉) 북창(北倉)〈금은동령(銀金洞嶺) 아래에 있다〉 도삼미창(刀三彌倉)〈읍치로부터 동북쪽 80리에 있다〉

『역참』(驛站)

소곶역(所串驛)〈읍치로부터 북쪽 5리에 있다〉

「혁폐」(革廢)

금물역(今勿驛)〈읍치로부터 서남쪽 50리에 있다〉 천두역(泉頭驛)

『토산』(土産)

잣[해송자(海松子)]·오미자(五味子)·배[이(梨)]·지치[자초(紫草)]·벌꿀[봉밀(蜂蜜)]·송이버섯[[송심(松蕈)]]·석이버섯[석심(石蕈)]·황양(黃楊)·활[궁간(弓幹)]·뽕[상(桑)]·누치[눌어(訥魚)]

『장시』(場市)

읍내장은 3일·8일이고 도리포장(桃李浦場)은 2일·7일이며 입석장(立石場)은 1일·6일이다.

『전고』(典故)

고려 명종 8년(1178)에 서적(西賊)〈조위총(명종 4년에 서경유수인 조위총(趙位寵)이 정중부 등의 토벌을 목표로 일으킨 난을 말한다/역자주)의 잔당(殘黨)이다. 평양의 전고(典故)에 보인다〉이 곡주(谷州) 수안(遂安)을 함락시켰다. 고종 5년(1218)에 서해도 방수군이 거란 병사〈금산(金山)의 군대〉와 더불어 곡주에서 싸웠는데 300여명의 목을 베었다. 고종 45년(1258)에 달포성(達甫城)의 백성이 방호별감(防護別監) 정기(鄭琪) 등을 잡아서 몽고에 투항하였다. 공민왕 7년(1358)에 유숙(柳淑) 등에게 명하여 곡주 수안에서 도읍지를 물색하게 하였다.

5. 봉산군(鳳山郡)

본래 고구려 조파의(租波衣)였으나 후에 휴암(鵂岩)이라 고치고 신라 경덕왕 16년(757)에 서암군(捿岩郡)〈영현(領縣)은 장기(獐基)이다〉으로 고쳐 한주(漢州)에 예속시켰다. 고려 태조 23년(940)에 봉주(鳳州)로 고치고 성종 14년(995)에 방어사(防禦使)를 두었다. 현종 3년(1012)에 폐하여 황주(黃州)에 예속시켰다〈원종(元宗)때 원(元)나라가 봉주경략사(鳳州經略使)를 두었다〉 충렬왕 11년(1285)에 방어사를 두고 곧 지봉양군사(知鳳陽郡事)로 고쳤다가 후에 다시 봉주라 칭하였다. 조선 태종 13년(1413)에 봉산군(鳳山郡)이라 고쳤고 중종 18년(1523)에 백운산(白雲山) 아래에 읍치를 옮겼다.〈옛 읍치는 남쪽 15리에 있는데 휴암성(鵂岩城)에 보인다〉

「읍호」(邑號)

지하(池河)〈고려 성종이 정하였다〉

「관원」(官員)

군수(郡守)〈황주진관병마 동첨절제사(黃州鎭管兵馬同僉節制使)와 좌영장(左營將)을 겸한다〉 1원이 있다.

『방면』(方面)

토성방(土城坊)〈읍치로부터 남쪽 10리에 있다〉

귀연방(龜淵坊)〈읍치로부터 동남쪽 50리에 있다〉

감당방(甘棠坊)〈읍치로부터 남쪽 50리에 있다〉

묵천방(墨川坊)〈읍치로부터 남쪽 60리에 있다〉

초구방(楚邱坊)〈읍치로부터 남쪽 35리에 있다〉

무릉방(武陵坊) 어사방(御史坊)〈모두 읍치로부터 남쪽 70리에 있다〉

문정방(文井坊)〈읍치로부터 남쪽 15리에 있다〉

미산방(尾山坊) 사인방(舍人坊)〈모두 읍치로부터 서쪽 40리에 있다〉

사원방(沙院坊)〈읍치로부터 서쪽 25리에 있다〉

서호방(西湖坊)〈읍치로부터 서남쪽 30리에 있다〉

와현방(臥峴坊)〈읍치로부터 남쪽 40리에 있다〉

동선방(洞仙坊)〈읍치로부터 북쪽 15리에 있다〉

산수방(山水坊)〈읍치로부터 동쪽 10리에 있다〉

【관혜향(觀惠鄕)은 읍치로부터 남쪽 40리에 있고, 은파장(銀波莊)은 읍치로부터 남쪽 45리에 있다】

『산수』(山水)

백운산(白雲山)〈읍치로부터 동쪽 1리에 있다〉

녹과산(祿科山)〈읍치로부터 남쪽 15리에 있다〉

정방산(正方山)〈읍치로부터 서북쪽 20리에 있다. 황주와의 경계이다〉

적암산(赤岩山)〈읍치로부터 동쪽 30리에 있다〉

소이산(所伊山)〈읍치로부터 동남쪽 45리에 있다. 동쪽으로 창산(槍山)이 있고 남쪽으로 금정산(金井山) 동동산(東洞山) 두 산이 서로 이어져 있다〉

여계산(餘界山)〈읍치로부터 동쪽 30리에 있다. 서흥과의 경계이다〉

관산(館山)〈읍치로부터 남쪽 20리에 있다〉

한철산(漢哲山)〈읍치로부터 서쪽 10리에 있다〉

학유산(鶴遊山)〈읍치로부터 동쪽 10리에 있다. 양익봉(兩翼峯)이 있다〉

구산(九山)〈읍치로부터 남쪽 25리에 있다〉

청학산(靑鶴山)〈읍치로부터 동남쪽 50리에 있다〉

영통산(靈通山)〈읍치로부터 남쪽 90리에 있다. 평산(平山)과의 경계이다〉

불수산(佛手山)〈읍치로부터 남쪽 80리에 있다〉

우산(禹山)〈읍치로부터 남쪽 70리에 있다〉

비파산(琵琶山)〈읍치로부터 남쪽 90리에 있다. 평산과의 경계이다〉

백학암(白鶴岩)〈읍치로부터 서남쪽 20리에 있다. 천길 낭떠러지의 취암(翠岩)이 있다〉

봉황대(鳳凰臺)〈읍치로부터 서남쪽 30리에 있다〉

나한동(羅漢洞)〈읍치로부터 남쪽 30리에 있다〉

토성평(土城坪)〈읍치로부터 남쪽 20리에 있다. 넓은 들이 끝이 없다〉

황병곶(黃柄串)〈읍치로부터 서쪽 35리에 있다. 토성(土城) 문정(文井) 초구(楚邱) 미산(眉山) 사인(舍人) 사원(沙院) 서호(西湖) 화현(臥峴)의 8방(坊)은 모두 큰 들로서 바다 포구를 끼고 사방이 망망한 끝이 없고 논밭이 극히 비옥하고 갈대[노적(蘆荻)] 숭어[수어(秀魚)] 붕어[즉어(鯽魚)]가 많이 난다〉

와화곶(臥火串)〈읍치로부터 서쪽 15리에 있다〉

【구산(龜山)은 읍치로부터 북쪽 2리에 있다. 복덕암(福德岩)이 있다】

「영로」(嶺路)

동선령(洞仙嶺)〈읍치로부터 북쪽 10리에 있고 또 5리에 소동선령(小洞仙嶺)이 있다. 세조 때 자비령을 폐하고 이 길을 열었다. ○곡산 수안 서흥으로부터 봉산에 이르기까지 한 줄기로 이어져 끊어지지 않으니 모두 첩첩산중이고 준령이 험조하여 황주의 극성(棘城)에 비교할 바가 아니다. 신라 이래로 중진(重鎭)을 설치하여 장성을 쌓아서 대비하였다. 조선에서는 7진을 설치하였다〉

상산령(商山嶺)〈동리진(東里鎭)의 북쪽에 있다〉

무초령(茂草嶺)〈읍치로부터 동쪽 20리에 있다〉

고성령(古城嶺)〈즉 발산행성(鉢山行城)의 동쪽 15리에 있다〉

덕현(德峴)〈읍치로부터 서쪽 5리에 있다〉

대산치(大山峙)〈소이산(所伊山)의 남쪽에 있다〉

대곡현(岱谷峴)〈읍치로부터 남쪽 50리에 있다〉

【갈현(葛峴)은 읍치로부터 남쪽 30리에 있다. 대로(大路)가 있다】

○월당강(月唐江)〈서흥(瑞興) 벽탄(碧灘)으로부터 서쪽으로 흘러 본읍과의 경계에 이르러 구연(龜淵)이 되고 돌아서 북쪽으로 흘러 구산하(九山河)가 된다. 서쪽으로 꺾여서 당성천(唐城川)이 되고 다음으로 신룡담(神龍潭) 대천교(大川橋)가 되고 충렬사(忠烈祠) 앞을 경유하여 재령(載寧) 율곶진(栗串津)으로 들어간다〉

검수천(劍水川)〈무초령(茂草嶺)을 지나 남쪽으로 흘러 검수역(劍水驛)을 지나 동남쪽으로 흘러 구산하(九山河)로 들어간다〉

관탄천(館灘川)〈동선령(洞仙嶺)에서 나와서 남쪽으로 흘러 군(郡)의 서쪽을 지나 당성천(唐城川)으로 들어간다〉

은파천(銀波川)〈읍치로부터 남쪽 45리에 있다. 불수산(佛手山) 영통산(靈通山)의 두 산에서 나와 서북으로 흘러 오리포(梧里浦)로 들어간다〉

사리원천(沙里院川)〈읍치로부터 서쪽 20리에 있다. 정방산(正方山)에서 나와 남쪽으로 흘러 재령(載寧) 율곶진(栗串津)의 남쪽 들어간다〉

오리포(梧里浦)〈읍치로부터 남쪽 30리에 있다. 신룡담 아래에서 나와 물이 두 줄기로 나뉘어 서쪽으로 흘러 은파천과 합하여 오리포 대교포(大橋浦)를 이루고 재령의 삼지강(三支江)으로 들어간다〉

신룡담(神龍潭)〈일명 휴류암연(鵂鶹岩淵)이라 한다. 읍 이름을 지하(池河)라 한 것은 이 때문이다〉

『성지』(城池)

휴암성(鵂巖城)〈남쪽 15리에 있다. 신라 경덕왕 21년(762)에 축성하였다. 둘레는 8,656자이고 우물은 1곳이다. 이후로는 지금의 읍치로 옮겼다〉

고당성(古唐城)〈읍치로부터 남쪽 20리에 있다. 토성(土城)이며 둘레는 4리이며 앞에는 토평성(土城坪)이 있다〉

○동선관 행성(洞仙關 行城)〈읍치로부터 북쪽 15리에 있다. 황주의 경계이며 속칭은 사인암성(舍人岩城)이다. 빽빽한 바위가 하늘 높이 솟아 있어서 이름을 적암(積岩)이라 하였는데 이것이 사인암(舍人岩)으로 바뀌어 불리웠다. 영로가 좁고 험하여서 기병(騎兵)이 열(列)을 이루어 걷기 어렵다. 영조 22년(1746)에 축성하였는데, 문을 동서로 설치하였고 성의 길이가 1,970보이다〉

『영아』(營衙)

전영(前營)〈인조 때 설치하였다. ○전영장(前營將)은 1원인데 본부사가 겸한다. ○속읍은 봉산(鳳山) 황주(黃州)이며 속진은 동리(東里) 산산(蒜山)이다〉

『진보』(鎭堡)

동리진(東里鎭)〈읍치로부터 동쪽 10리에 있다. 상산령(商山嶺) 아래 옛날에 만호(萬戶)가 있었다. ○방수는 상산령(商山嶺) 무초령(茂草嶺) 고성령(古城嶺)이다. ○병마동첨절제사(兵馬同僉節制使) 1원이 있다〉

산산진(蒜山鎭)〈읍치로부터 서북쪽 25리에 있다. 옛날 극성진(棘城鎭)의 터이다. 숙종 4년(1678)에 진을 설치하였다. 숙종 8년(1682)에 흑교진(黑橋鎭)을 내속시키면서 극성(棘城)으로 옮겼다. 첨사(僉使) 겸 별중영장(別中營將)으로 올랐고 후에 별중영을 감하였다. ○병마동첨절제사 1원이 있다〉

「혁폐」(革廢)

극성진(棘城鎭)〈고려 때 흙으로 행성을 축성하였고 관문(關門)을 설치하였다. 정방산 산꼭대기로부터 박배포(朴排浦)에 이르기까지 방수군을 두었다. 평지에는 가시나무를 심었다. 조선 문종 2년(1452)에 석성(石城)으로 개축하였다. 단종(端宗)이 즉위하매 그 사역을 정지하여 지금에 이르렀으니 치성(雉城)의 성벽이 군데군데 아직도 남아 있다. 관문으로부터 바로 선도(鐥島)에 닿는데 땅이 평평하여 장애가 없다. 그 가운데에 갈대가 있으니 구회(溝澮)라 한다. 개간 경작하여 비록 가시나무를 심어 성(城)을 이루었으나 면이 공활하여 지키기가 어려워서 험준하고 깊은 곳에는 반드시 성채를 쌓아서 거듭 험고하게 하였다. ○고려 공민왕 10년(1361)에 관군이 이곳에서 홍건적을 막았는데 모두 참살당하였다〉

○패강진(浿江鎭)〈지금 극성진(棘城鎭)의 터이다. 신라에서는 대동강으로서 경계를 삼았다. 옛날 거진(巨鎭)을 이곳에 설치하였는데, 선덕왕 3년(782)에 한산주(漢山州)를 순행하고서 패강진(浿江津)을 설치하여 민호를 옮겨 살게 하였다. 원성왕 원년(785)에 패강진 총관(摠管)을 고쳐 도독(都督)으로 하였다. 헌덕왕 18년(826)에 우잠태수 백영(白永)에게 명하여 한산(漢山) 이북의 여러 주(州)와 군(郡)의 백성 1만명을 징발하여 패강장성(浿江長城) 300리를 축성하였다. ○생각건대 극성관(棘城關)으로부터 큰 줄기가 이어져 봉산 황주 서흥 수안의 각 산에 이르기까지 왕왕 고개 위에 행성의 고지가 있는 것은 곧 백영이 쌓은 흔적일 것이다〉

『봉수』(烽燧)
건지산(巾之山)〈읍치로부터 동쪽 20리에 있다〉

『창고』(倉庫)
읍창·동창(東倉)〈읍치로부터 동쪽 10리에 있다〉·남창(南倉)〈읍치로부터 남쪽 70리에 있다〉·오리포창(梧里浦倉)이 있다.

『역참』(驛站)
검수역(劍水驛)〈읍치로부터 동쪽 30리에 있다. 세조 때 절령역(岊嶺驛)을 이곳으로 옮겼다〉
동선령(洞仙嶺)〈읍치로부터 북쪽 10리에 있다. 절령로를 폐한 후에 설치하였다〉
「혁폐」(革廢)
도공역(陶工驛) 소관역(所串驛)
「기발」(騎撥)
산수원참(山水院站)·관문참(官門站)·도언참(洞仙站)

『진도(津渡)』
황병곶(黃柄串)〈읍치로부터 서쪽 40리에 있다. 안악으로 가는 첩로(捷路)이다〉
충렬사전(忠烈祠前)〈읍치로부터 서남쪽 35리에 있다. 서호방(西湖坊)으로부터 재령으로 통하는 소로(小路)이다〉
대천교(大川橋)〈당성천(唐城川)에 있다. 물이 넘치면 배를 이용한다〉

『토산』(土産)

오석(烏石)〈묵천(墨川)에서 난다〉·철(鐵)·갈대[노(蘆)]·억새[적(荻)]·배[이(梨)]〈상품(上品)이다〉·지황(地黃)·숭어[수어(秀魚)]·붕어[즉어(鯽魚)]·누치[눌어(訥魚)]·쏘가리[금린어(錦鱗魚)]·은어[은구어(銀口魚)]·게[해(蟹)]

『장시』(場市)

읍내장은 2일·7일이고 은파장(銀波場)은 3일·8일이며 경암장(景岩場)은 5일·10일이고 남천장(南川場)은 4일·9일이며 사인암장(舍人岩場)은 4일·9일이고 산산장(蒜山場)은 2일·7일이며 검수장(劍水場)은 1일·6일이고 어사탄장(御史灘場)은 4일·9일이며 사리원장(沙里院場)은 1일·6일이다.

『단유』(壇壝)

신룡담단(神龍潭壇)〈읍치로부터 서남쪽 15리에 있다. 고려에서는 강향(降香: 원(元)나라에서 제사(祭祀)를 지내기 위한 향(香)을 보내오는 일/역자주)을 축하하는 제사를 지냈다. 조선에서는 본읍으로 하여금 봄 가을에 제사하게 하였다〉

『사원』(祠院)

문정서원(文井書院)〈숙종 신유년(1681)에 건조하였고 계미년(1703)에 사액받았다〉에서 이이(李珥) 김장생(金長生)〈모두 문묘에 보인다〉 김집(金集)〈태묘(太廟)에 보인다〉 강석기(姜碩基)〈자는 복이(復而)이고 호는 월당(月塘)이고, 금천(衿川) 사람이다. 관직은 우의정에 올랐고 시호는 문정(文貞)이다〉를 모신다.

『전고』(典故)

고려 고종 4년(1217)에 거란의 군대가 쳐들어왔는데 김중구(金仲龜)가 도공역(陶工驛)에서 싸워서 패하였다. 원종 12년(1271)에 몽고 군대 지필가(只必哥)가 서경에 와서 또 서해도의 은파장(銀波莊) 삼진강(三進江)〈재령(載寧)의 삼지강(三支江)이다〉을 분할하여 속현(屬縣)으로 하고자 하였다. 원종이 원나라 중서성(中書省)에 상서하여 말하기를, "은파장(銀波莊) 삼진강(三進江)은 본래 서해도인데 지금 서경인이 칭탁하여 말하기를 '두 곳의 백성을 이미 호적에 올렸다'고 합니다. 그러나 본래 서경이 아닌 속지(屬地)는 다같이 황제의 명령에 따라서 저희 나라에 소속되는 것입니다." 하였다. 공민왕 9년(1360)에 홍건적의 선박이 풍주 등에 정박하면서 봉주에 들어와서 성문을 불태웠다. 공민왕 20년(1371)에 왜구가 봉주에 침입하였다. 우왕 3년(1377)에 왜구가 봉주에 들어와 원수 양백익(梁伯益) 등과 도순문사(都巡問使) 심덕부(沈德符) 등이 그들과 싸웠으나 패하였다.

6. 안악군(安岳郡)

『연혁』(沿革)

본래 고구려의 아사달(阿斯達)이었다. 신라 경덕왕 16년(757)에 양악군(陽惡郡_으로 고치고〈영현은 3곳이니 율구(栗口) 청송(靑松) 굴현(屈峴)이다〉 한주(漢州)에 예속시켰다. 고려 태조 23년(940)에 안악(安岳)으로 고쳤고 현종 9(1018)년에 풍주에 소속하게 하였다. 예종 원년(1106)에 감무를 두었다. 원종 10년(1269)에 원에게 떨어져서 황주의 영현(領縣)이 되었다. 충렬왕 4년(1278)에 되돌렸다.〈서북면(西北面)으로 이속시켰다가 우왕 14년(1388)에 본도에 되돌렸다〉 충목왕 4년(1348)에 지군사(知郡事)로 올렸고〈찬성사(贊成事) 황순(黃順) 처의 고향이기 때문이다〉 조선 세조 12년(1466)에 군수로 고치고 중종 때 양산(楊山)의 남쪽으로 읍치를 옮겼다.〈옛 치소는 북쪽 30리에 있다〉 선조 22년(1589)에 현으로 강등시켰다.〈역적 변숭복(邊崇福)이 태어난 읍이기 때문이었다〉 선조 41년(1608)에 다시 올렸다.

「읍호」(邑號)

양산(楊山)

「관원」(官員)

군수(郡守)〈황주진관 병마동첨절제사(黃州鎭管 兵馬同僉節制使)와 중영장(中營將)을 겸한다〉 1원이 있다.

『방면』(方面)

순풍방(順豊坊)〈읍치로부터 남쪽 10리에서 시작하여 15리에서 끝난다〉

사곶방(寺串坊)〈읍치로부터 서쪽 10리에서 시작하여 20리에서 끝난다〉

대원방(大元坊)〈읍치로부터 동쪽 10리에서 시작하여 30리에서 끝난다〉

원성방(遠城坊)〈위와 같다〉

소곶방(小串坊)〈읍치로부터 동북쪽 15리에서 시작하여 35리에서 끝난다〉

안곡방(安谷坊)〈읍치로부터 동북쪽 15리에서 시작하여 50리에서 끝난다〉

섭하방(涉河坊)〈읍치로부터 북쪽 30리에서 시작하여 60리에서 끝난다〉

행촌방(杏村坊)〈읍치로부터 북쪽 30리에서 시작하여 50리에서 끝난다〉

대덕방(大德坊)〈읍치로부터 북쪽 30리에서 시작하여 60리에서 끝난다〉

초교방(草郊坊)〈읍치로부터 북쪽 20리에서 시작하여 30리에서 끝난다〉

문일방(聞一坊)〈읍치로부터 북쪽 10리에서 시작하여 20리에서 끝난다〉

흘홍방(屹紅坊)〈읍치로부터 동북쪽 10리에서 시작하여 20리에서 끝난다〉

세동방(細洞坊)〈읍치로부터 5리에서 시작하여 10리에서 끝난다〉

주석방(朱石坊)〈읍치로부터 5리에서 시작하여 10리에서 끝난다〉

판교방(板橋坊)〈읍치로부터 5리에서 시작하여 20리에서 끝난다〉

독산방(禿山坊)〈읍치로부터 15리에서 시작하여 35리에서 끝난다〉

청파방(靑坡坊)〈읍치로부터 10리에서 시작하여 15리에서 끝난다〉

장령방(長嶺坊)〈읍치로부터 동남쪽 5리에서 시작하여 10리에서 끝난다〉

【홍모처(紅毛處)는 읍치로부터 북쪽 15리에 있다. 복두소(幞頭所)는 읍치로부터 북쪽 60리에 있다】

『산수』(山水)

양산(楊山)〈읍치로부터 북쪽 3리에 있다〉

구월산(九月山)〈읍치로부터 서쪽 30리에 있다. 문화(文化)조를 보면 동쪽 가지를 주토봉(朱土峯)이라 하는데 군의 서쪽 20리에 있다 하였고 또 그 동쪽을 고령산(古靈山)이라 하는데 군의 서쪽 10리에 있다 하였다〉

【구월산(九月山)의 고칭(古稱)은 아사달산(阿斯達山)이라 하였는데 읍호에서 따른 것이다】

은적산(隱寂山)〈읍치로부터 서쪽 15리에 있다〉

보광산(普光山)〈읍치로부터 북쪽 20리에 있다〉

망덕산(望德山)〈읍치로부터 북쪽 25리에 있다〉

마두산(馬頭山)〈읍치로부터 동북쪽 50리에 있다〉

고남산(古南山)〈고읍의 남산에 있다〉

월암산(月巖山)〈읍치로부터 동쪽 20리에 있다〉

오룡산(五龍山)〈읍치로부터 동북쪽 35리에 있다〉

【홍암산(紅巖山)】

청태암(靑苔巖)〈읍치로부터 동북쪽 40리에 있다〉

성초곶(省草串)〈읍치로부터 동북쪽 50리에 있다〉

도곶(桃串)〈읍치로부터 동쪽 30리에 있다〉

고교동(高橋洞)〈읍치로부터 동남쪽 20리에 있다〉

「영로」(嶺路)

학현(鶴峴)〈읍치로부터 동남쪽 10리에 있다. 재령으로 통하는 지름길이다〉

불현(佛峴)〈읍치로부터 서쪽 25리에 있다. 문화(文化)의 경계이고 은율로 통하는 지름길이다〉

화연령(火燃嶺)〈읍치로부터 남쪽 10리에 있다. 신천(信川)으로 통한다〉

서수령(西首嶺)〈읍치로부터 북쪽 25리에 있다. 섭하(涉河)로 통한다〉

탑현(塔峴)〈읍치로부터 동북쪽 40리에 있다〉

양소현(楊召峴)〈읍치로부터 서북쪽 20리에 있다. 장련(長連)으로 통한다〉

이현(梨峴)〈읍치로부터 서쪽 40리에 있다〉

○절량해(絶瀼海: 제량)〈읍치로부터 동쪽 30리에 있다. 길이는 50리이고 넓이는 30리인데, 동쪽은 황주 봉산이다. 인조 때 이후 서쪽 해변에 제방을 쌓아서 논으로 만들었다. 지금은 포구(浦口)가 되었으니 곧 월당강(月唐江) 하류이다. 토질이 매우 비옥하여 벼가 끝이 없이 심어져 있고 갈대가 들에 가득 피어 있다. 선박들이 만나는 곳이 되어 그 하류를 급수문(急水門)이라 한다. 월당강과 대동강 두 강이 만나는 곳이어서 조류가 매우 급하다〉

섭하(涉河)〈옛날에는 아사진(阿斯津)이라고 하였다. 읍치로부터 북쪽 60리에 있다〉

영진포(迎津浦)〈읍치로부터 동남쪽 22리에 있다. 근원은 해주 달마산(達摩山)에서 나와서 북쪽으로 흘러 송화(松禾) 소교천(燒橋川)이 된다. 신천군 남쪽에 이르러 누교천(樓橋川)이 되고 부정천(婦貞川)을 지나 북쪽으로 흘러 삼교평(三橋坪)에 이르러 우산포(牛山浦)가 된다. 마오천(馬塢川)을 지나 동북쪽으로 흘러 연진(延津)이 되고 월당강의 애진(艾津) 상류로 들어간다〉

한천(漢川)〈고령산(古靈山)에서 나와서 동남쪽으로 흘러 군의 서쪽 2리를 지나 마오천으로 들어간다〉

마오천(馬塢川)〈읍치로부터 남쪽 5리에 있다. 신천(信川)에 보인다〉

동산천(東山川)〈읍치로부터 서북쪽 30리에 있다. 구월산에서 나와서 북쪽으로 흘러 섭하로 들어간다〉

자락천(自樂川)〈읍치로부터 북쪽 10리에 있다. 구월산 일출봉에서 나와서 동북쪽으로 흘러 절양해로 들어간다〉

요현포(要玄浦)〈읍치로부터 동쪽 15리에 있다〉

원당포(元堂浦)〈읍치로부터 동북쪽 40리에 있다〉

흘홍온정(屹紅溫井)〈읍치로부터 북쪽 20리에 있다〉

하음온천(洞陰溫泉)〈읍치로부터 북쪽 25리에 있다〉

냉정(冷井)〈읍치로부터 동북쪽 40리에 있다〉

석경(石坰)〈읍치로부터 남쪽 9리에 있다. 관개가 심히 넓다〉

【제언은 6곳이고 동보는 22곳이다】

「도서」(島嶼)

적도(赤島)〈읍치로부터 동북쪽 40리에 있다. 지금은 제언 안에 있다〉

저도(猪島)〈읍치로부터 서북쪽 60리에 있다. 둘레는 20리이다. 성종 15년(1484)에 황주 철도로부터 목장을 이곳에 옮겼으나 곧 폐하였다〉

『성지』(城池)

양산고성(楊山古城)〈둘레는 1,618자이며 토성(土城)이다〉

『영아』(營衙)

중영(中營)〈인조 때에 신천(信川)에 설치하였다. 숙종 10년(1684)에 본 군으로 옮겼다. ○ 속읍은 안악 신천 재령이다. ○중영장은 본군의 군수를 겸한다〉

『봉수』(烽燧)

일적산(日積山)〈읍치로부터 북쪽 45리에 있다〉

이현(梨峴)〈위에 보인다〉

소산(所山)〈읍치로부터 남쪽 5리에 있다〉

월호산(月呼山: 달림산)〈읍치로부터 동쪽 10리에 있다〉

『창고』(倉庫)

읍창·동창(東倉)〈읍치로부터 동쪽 30리에 있다〉·북창(北倉)〈읍치로부터 북쪽 60리에 있다〉

『역참』(驛站)

진목역(眞木驛)〈읍치로부터 동쪽 7리에 있다〉

『진도(津渡)』

영진(迎津)〈읍치로부터 동남쪽 22리에 있다. 재령으로 통하는 지름길이다〉

애진(艾津)〈읍치로부터 동쪽 35리에 있다. 봉산으로 통하는 지름길이다〉

사진(沙津)〈읍치로부터 동북쪽 50리에 있다. 황주로 통하는 지름길이다〉

도하진(渡河津)〈읍치로부터 북쪽 60리에 있다. 강서로 통하는 샛길이다〉

북창진(北倉津)〈읍치로부터 북쪽 60리에 있다. 용강으로 통하는 샛길이다〉

『토산』(土産)

철(鐵)·잣[해송자(海松子)]·배[이(梨)]·갈대[노(蘆)] 억새[적(荻)]·송이버섯[송심(松蕈)]·벌꿀[봉밀(蜂蜜)]·자철(紫○)·백하(白鰕)·게[해(蟹)]·숭어[수어(秀魚)]·백어(白魚)·위어(葦魚)·붕어[즉어(鯽魚)]·소금[염(鹽)]

『장시』(場市)

읍내장은 2일·7일이고 북장(北場)은 4일·9일이다.

『단유』(壇壝)

도곶단(桃串壇)〈고려에서는 아사진 도곶(阿沙津 桃串)이라 불렀다〉

성초곶단(省草串壇)〈고려에서는 아사진 성초곶(阿斯津 省草串)이라 불렀다. 위의 두 곳은 모두 사전(祠典)에 실려있다. 조선에서는 본읍으로 하여금 춘추에 제사를 드리게 하였다〉

『전고』(典故)

고려 명종 27년(1197)에 최충헌(崔忠獻)이 왕을 폐위시키고 왕의 손자 진(膜)을 안악(安岳)으로 추방하였다〈강종(康宗) 원년(1212)에 소환하였으니 곧 고종(高宗)이다〉

공민왕 9년(1360)에 홍건적의 배 100여척이 안악군 원당포(元堂浦)에 들어와 노략하고 불을 질렀다. 아군과 더불어 수일동안 싸워 죽은 자가 30여인이나 되었다.〈홍건적은 또 황주 비파곶과 봉주 재령을 침략하였다〉 우왕 3년(1377)에 왜구가 안악을 침입하였다.

7. 재령군(載寧郡)

본래 고구려의 한홀(漢忽)〈일명 내홀(乃忽)〉이었으나 후에 한성(漢城)〈일명 식성(息城)〉이라 고쳤고 신라 경덕왕 16년(757)에 중반군(重盤郡)으로 고치고〈승산(升山) 궐구(闕口) 가화(嘉禾) 영령(永寧)을 관령한다〉 한주(漢州)에 예속시켰다. 고려 태조 23년(940)에 안주(安州)로 고치고 성종 14년(995)에 방어사를 두었다. 현종 9년(1018)에 폐지하고 안서부(安西府)에 소속시켰다. 예종 원년(1106)에 감무(監務)를 두었고 고종 4년(1217)에 재령현령(載寧縣令)으로 승격시켰다. 공민왕 3년(1354)에 경기우도에 이전하여 예속시켰다 조선 태조 3년(1394)에 본도에 되돌렸다. 태종 15년(1415)에 군으로 올렸다. 중종 14년(1519)에 검산(劒山)으로 치소(治所)를 옮겼다.〈옛 치소는 장수산(長壽山) 남쪽 5리에 있다〉

「읍호」(邑號)

안릉(安陵)〈고려 성종이 정한 것이다〉

「관원」(官員)

군수(郡守)〈황주진관병마동첨절제사(黃州鎮管兵馬同僉節制使) 장수산성수성장(長壽山城守城將)을 겸한다〉 1원이 있다.

『고읍』(古邑)

삼지(三支)〈읍치로부터 동쪽 15리에 있다. 본래는 풍주(豐州)의 임내(任內)였으나 고려에서 감무를 두었다. 조선 태조 6년(1397)에 내속되었다〉

『방면』(方面)

좌리방(左里坊)〈읍치로부터 남쪽 10리에서 끝난다〉

우리방(右里坊)〈읍치로부터 서쪽 5리에서 시작하여 15리에서 끝난다〉

성원방(城垣坊)〈읍치로부터 동쪽 10리에서 시작하여 20리에서 끝난다〉

상률방(上栗坊)〈읍치로부터 북쪽 5리에서 시작하여 15리에서 끝난다〉

하율방(下栗坊)〈읍치로부터 북쪽 20리에서 시작하여 35리에서 끝난다〉

좌율방(左栗坊)〈읍치로부터 북쪽 15리에서 시작하여 25리에서 끝난다〉

우율방(右栗坊)〈읍치로부터 북쪽 10리에서 시작하여 20리에서 끝난다〉

삼지강방(三支康坊)〈읍치로부터 동쪽 15리에서 시작하여 30리에서 끝난다〉

우두천방(牛頭川坊)〈읍치로부터 동남쪽 10리에서 시작하여 20리에서 끝난다〉

은줄지방(銀乧只坊)〈읍치로부터 동쪽 20리에서 시작하여 40리에서 끝난다〉

【은줄지방(銀乧只坊) 이상의 10방(坊)은 모두 평야이다】

화산방(花山坊)〈읍치로부터 동남쪽 30리에서 시작하여 40리에서 끝난다〉

역대방(驛垈坊)〈읍치로부터 동남쪽 40리에서 시작하여 65리에서 끝난다〉

성당방(聖堂坊)〈읍치로부터 남쪽 50리에서 시작하여 80리에서 끝난다〉

유등방(柳等坊)〈읍치로부터 남쪽 60리에서 시작하여 80리에서 끝난다〉

방동방(方洞坊)〈읍치로부터 남쪽 50리에서 시작하여 70리에서 끝난다〉

청수리방(淸水里坊)〈읍치로부터 남쪽 물가에서 시작하여 30리에서 끝난다〉

동우방(東隅坊)

【광천소(廣淺所)는 읍치로부터 남쪽 70리에 있다】

【대조면(大棗面)과 모로면(毛老面)은 읍치로부터 55리에 있다】

『산수』(山水)

검산(劍山)〈읍치로부터 북쪽 1리에 있다〉

장수산(長壽山)〈읍치로부터 남쪽 40리에 있다. 기세가 웅장하고 굳건하며 석봉(石峯)이 가득하여 바위와 계곡이 빼어난 경치이며 구름같은 성첩(城堞)은 장관(壯觀)을 이룬다. ○묘음사(妙音寺)와 현암(懸庵)이 있고 산성 안에 월출사(月出寺)와 백운사(白雲寺)가 있다〉

금장산(金藏山)〈읍치로부터 남쪽 40리에 있고 장수산의 서쪽이다〉

송림산(松林山)〈읍치로부터 동쪽 20리에 있다〉

소산(所山)〈읍치로부터 남쪽 70리에 있다〉

남지산(南枝山)〈읍치로부터 남쪽 55리에 있다〉

천마산(天磨山)〈읍치로부터 서남쪽 40리에 있다. 신천과의 경계이다〉

철현산(鐵峴山)〈읍치로부터 남쪽 70리에 있다〉

조득산(島得山)〈읍치로부터 서남쪽 70리에 있다〉

남물평(南勿坪) 해사평(蟹沙坪) 곡도평〈이 세 지역은 군의 북쪽 10여리에 있다. 삼지강과 연진(延津)의 사이에 서쪽으로 신안(新安)이 접해있다. 황주 봉산이 연이어있고 넓은 평야가 백여리인데 모두 제방과 개천이 있고 큰 포구가 그 가운데를 뚫고 지나가서 벼농사가 잘 되고 바다 산물이 서방지역에서 제일이다〉

「**영로**」(嶺路)

양현(凉峴)〈읍치로부터 남쪽 45리에 있는데 해주대로로 통한다〉

옥현(玉峴)〈읍치로부터 동남쪽 60리에 있다. 기린역(麒麟驛)으로 통한다〉

청석령(靑石嶺)〈읍치로부터 동남쪽 50리에 있다. 봉산(鳳山)과의 경계이다〉

○삼지강(三支江)〈『고려사』에 이르기를 삼진강(三進江)은 동쪽 15리에 있고 월당강(月唐江)은 오리포(梧里浦)와 전방천(箭防川)이 만나서 흘러 들어오는 곳이므로 이름을 지었다 하였다〉

염탄(鹽灘)〈읍치로부터 남쪽 70리에 있다. 해주(海州)와의 경계이며 대로이다. 근원은 해주 수양산(首陽山)의 조화동(助化洞)에서 나와 동북으로 흘러 피금천(披錦川)이 되었다. 일명 흑미천(黑薇川)이라 하고 전방천의 근원이 된다〉

입석탄(立石灘)〈염탄의 하류인데 왼쪽으로 행미천(行尾川)을 지나고 오른쪽으로 철현천(鐵峴川)을 지나 고읍의 남쪽에 이르면 전방천이 된다〉

전방천(箭防川)〈읍치로부터 남쪽 50리에 있다〉

합탄(蛤灘)〈읍치로부터 동남쪽 45리에 있다. 전방천의 하류이다〉

기탄(岐灘)〈평산(平山) 비파천(琵琶川)이 동쪽으로부터 와서 만난다〉

석탄(石灘)〈읍치로부터 동쪽 20리에 있다. 기탄의 아래에 있다. 산천(蒜川)이 와서 기탄의 상류와 만난다〉

당탄(唐灘)〈읍치로부터 동쪽 15리에 있다. 석탄(石灘)의 하류이고 그 아래는 삼지강과 만나게 된다〉

행미천(行尾川)〈일명 수밀동천(樹密洞川)이라 한다. 천마산(天磨山)에서 나와서 동쪽으로 흘러 석탄(石灘)의 하류로 들어간다〉

진천(眞川)〈평산(平山) 땅에서 나와서 서쪽으로 흘러 전방천으로 들어간다. 평산조에 보인다〉

【전탄(箭灘)이 있다】

산천(蒜川)〈천마산에서 나와서 동쪽으로 흘러 태자원(太慈院)을 경유하여 석탄의 상류로 들어간다〉

청수천(淸水川)〈읍치로부터 남쪽 20리에 있다. 천마산에서 나와서 동쪽으로 흘러 석탄의 하류로 들어간다〉

【제언은 3곳이고 동보는 12곳이다】

『성지』(城池)

장수산성(長壽山城)〈읍치로부터 남쪽 40리에 있다. 신라 경덕왕 21년(762)에 쌓았으니 곧 고읍진산성(古邑鎭山城)이다. 조선시대에 개축하여 내성은 둘레가 4,008보이고 외성은 둘레가 5,584보이다. 석벽이 험준하여 나는 새도 넘어가기 어렵다. 우물은 19곳이고 큰 못이 3개이다. 또 큰 시내가 있고 절이 2곳 창(倉)이 2곳이고 고(庫)가 3곳이다〉 ○수성장(守城將)은 본군수가 겸하고 별장이 1원 있다〉

『진보』(鎭堡)

철현진(鐵峴鎭)〈읍치로부터 남쪽 70리에 있다. 유등방(柳等坊)에는 훈국장관(訓局將官) 1인을 별장으로 내보냈다. 철(鐵)을 제련하여 본영에 바치는데 진군(鎭軍) 250명이 매 인마다 철 50근씩을 본영에 바친다. 만약 긴급한 상황이 있으면 별장이 진군(鎭軍)을 거느리고 장수산성으로 들어간다〉

『창고』(倉庫)

읍창·외창〈읍치로부터 남쪽 40리에 있다〉

『역참』(驛站)

다만(茶滿)〈옛 이름은 건만(建滿)이라고도 하였다. 읍치로부터 서쪽 1리에 있다〉

「혁폐」(革廢)

삼지역(三支驛)·금동역(金洞驛)

『진도(津渡)』

율곶진(栗串津)〈읍치로부터 동북쪽 15리에 있다. 봉산으로 가는 지름길로 통한다〉

영진(迎津)〈읍치로부터 서북쪽 18리에 있다. 안악으로 가는 지름길로 통한다〉

당탄진(唐灘津)〈읍치로부터 동쪽 15리에 있다. 서흥대로(瑞興大路)로 통한다. 조수(潮水)가 언동(焉多)에 이르면 다리를 가설한다〉

석탄(石灘)〈가물면 다리를 이용하고 물이 불으면 배로 건넌다〉

『토산』(土産)

철(鐵)·송이버섯[송심(松蕈)]·지치[자초(紫草)]·오미자(五味子)·갈대[노(蘆)]·억새[적(荻)]·은어[은구어(銀口魚)]·붕어[즉어(鯽魚)]·숭어[수어(秀魚)]·게[해(蟹)]

『장시』(場市)

읍내장은 2일·7일이고 산천장(蒜川場)은 1일·6일이며 청석두장(靑石頭場)은 2일·7일이고 광수원장(鑛水院場)은 3일·8일이며 반천장(盤川場)은 5일·10일이고 입석장(立石場)과 신원장(新院場)은 1일·6일이다.

『사원』

경현서원(景賢書院)〈효종 을미년(1655)에 건조하였고 숙종 을해년(1695)에 사액하였다〉에서 주자(朱子)와 이이(李珥)〈모두 문묘에 보인다〉를 모신다.

고려 고종 4년(1217)에 거란병이 안주(安州)에 주둔하였다. 5군의 원수(元帥)가 물리치고자 가는데, 군대 행렬이 태조탄(太祖灘)〈지금의 석탄(石灘)이다. 태조라는 말이 변하여 태자원(太慈院)이 되었다〉에 이르자 거란병에게 가볍게 무너져 5군이 모두 물에 빠져 죽은 수가 이루 다 적을 수 없을 정도이다. 홍건적이 쫓아와서 선의문(宣義門)에 이르러 황교(黃橋)를 불태우고 물러갔다. 고종 23년(1236)에 몽고병의 선봉이 재령에 왔다. 공민왕 9년(1360)에 홍건적이 재령을 침략하였다. 우왕 3년(1377)에 왜구가 재령에 들어와 김공세(金公世) 등 3인이 격퇴시켜 4명을 죽였다.

8. 수안군(遂安郡)

『연혁』(沿革)

본래 고구려의 고소어(古所於)였으나 후에 저새(猪塞)라 고쳤다. 신라 경덕왕 16년(757)에 장새(獐塞)로 고쳐 첩암군(捷岩郡)의 영현(領縣)으로 하였다. 고려 태조 23년(940)에 수안(遂安)으로 고치고 현종 9년(1018)에 현령을 두고 서해도에 소속시켰다. 충선왕 2년(1310)에 지수주군사(知遂州郡事)로 올리고〈원나라 환관이 된 이대순(李大順)의 요청으로 올렸다. 일명 군인인 이연송(李連松)이 나라에 공이 있어 군으로 올렸다고도 한다〉 공양왕 3년(1391)에 경기우도에 예속시켰다. 조선 태조 3년(1394)에 본도에 되돌렸다. 태종 13년(1413)에 수안군으로 고쳤다. 효종 4년(1653)에 현으로 내렸다.〈사노(私奴)인 예향(禮香)이 그 주인 정화악(鄭華岳)을 죽였기 때문이다〉 현종 3년(1662)에 다시 올렸다.

「읍호」(邑號)

요산(遼山)

「관원」(官員)

군수(郡守)〈황주진관병마동첨절제사(黃州鎭管兵馬同僉節制使)를 겸한다〉 1원이 있다.

『방면』(方面)

동부방(東部坊)〈읍치로부터 20리에서 끝난다〉

서부방(西部坊)〈읍치로부터 15리에서 시작하여 30리에서 끝난다〉

대천방(大千坊)〈읍치로부터 서북쪽 20리에서 시작하여 60리에서 끝난다〉

마지암방(馬之岩坊)〈읍치로부터 북쪽 50리에서 시작하여 70리에서 끝난다〉

대포방(大浦坊)〈읍치로부터 북쪽 80리에서 시작하여 100리에서 끝난다〉

공동방(公洞坊)〈읍치로부터 북쪽 80리에서 시작하여 90리에서 끝난다〉

소재곡방(所內谷坊)〈읍치로부터 북쪽 50리에서 시작하여 70리에서 끝난다〉

도동방(道洞坊)〈읍치로부터 북쪽 60리에서 시작하여 80리에서 끝난다〉

수구방(水口坊)〈읍치로부터 북쪽 90리에서 시작하여 110리에서 끝난다〉

성동방(城洞坊)〈읍치로부터 서남쪽 20리에서 시작하여 40리에서 끝난다〉

율계방(栗溪坊)〈읍치로부터 서쪽 20리에서 시작하여 40리에서 끝난다〉

견조산방(見造山坊)〈읍치로부터 남쪽 40리에서 시작하여 60리에서 끝난다〉

미동방(未洞坊)〈읍치로부터 30리에서 시작하여 60리에서 끝난다〉

【연길방(延吉坊)〈읍치로부터 서북쪽 70리에 있다〉

오동방(梧桐坊)〈읍치로부터 동북쪽 50리에 있다〉

천곡방(泉谷坊)〈읍치로부터 동쪽 45리에서 있다〉

○이마곡소(尒磨谷所)〈읍치로부터 북쪽 15리에 있다〉】

『산수』(山水)

요동산(遼東山)〈읍치로부터 동북쪽 4리에 있다〉

아달산(阿達山)〈읍치로부터 북쪽 60리에 있다〉

대청산(大靑山)〈읍치로부터 서북쪽 20리에 대천면(大千面)에 있다〉

웅산(熊山)〈읍치로부터 남쪽 5리에 있다〉

언진산(彦眞山)〈읍치로부터 동북쪽 45리에 있다. ○불각사(佛覺寺) 신라암(新羅庵)이 있다〉

가납산(加納山)〈읍치로부터 서남쪽 30리에 있다〉

명월산(明月山)〈읍치로부터 북쪽 10리에 있다. 일명 명올령(明兀嶺)이라고도 한다〉

천자산(天子山)〈읍치로부터 서북쪽 10리에 있다〉

조산(造山)〈읍치로부터 서남쪽 20리에 있다〉

오봉산(五峯山)〈읍치로부터 남쪽 40리에 있다. 신계와의 경계이다〉

원오산(院吾山)〈읍치로부터 서남쪽 60리에 있다〉

가령산(加嶺山)〈읍치로부터 남쪽 60리에 있다〉

각회산(角回山)〈읍치로부터 남쪽 55리에 있다〉

대야산(大野山)〈읍치로부터 남쪽 50리에 있다〉

검봉산(劍峯山)〈대야산의 서쪽 가지이다〉

자미산(紫微山)〈읍치로부터 서쪽 25리에 있다〉

냉정산(冷井山)〈읍치로부터 서쪽 40리에 있다. 서흥과의 경계이다〉

고령산(高嶺山)〈읍치로부터 서북쪽 60리에 있다〉

강진산(江津山)〈읍치로부터 북쪽 90리에 있다. 능성강(能成江)이 그 북쪽을 빙둘러 있다〉

【남갈산(南碣山) 괘항산(掛項山)이 있다】

「영로」(嶺路)

만령(蔓嶺)〈장재덕(長財德)의 동쪽에 있다〉

납노리령(納老里嶺)〈북로이다〉

니령(泥嶺)〈북로이다〉

명월령(明月嶺)〈읍치로부터 북쪽 10리에 있다〉

방원령(防垣嶺)〈읍치로부터 북쪽 20리에 있다〉〈위의 5곳은 삼등(三登)으로부터 여러 길이나 방원(防垣)의 요충지(要衝地)에 와서 만난다〉

마유령(馬踰嶺)〈읍치로부터 서쪽 25리에 있다. 황주로 통한다〉

양파령(陽波嶺)〈읍치로부터 서남쪽 30리에 있다. 상 중 하의 3굴이 있다〉

서대령(西大嶺)

성현(城峴)

도한령(道汗嶺)

미륵령(飛勒嶺)

제지령(悌只嶺)〈위의 7곳은 모두 군의 서쪽에 있는 한줄기 큰 고개이다. 황주(黃州) 중화(中和) 상원(祥原)으로 가는 여러 길의 요충이 된다〉

신파현(新破峴)〈읍치로부터 서쪽 15리에 있다〉

두미령(豆尾嶺)〈읍치로부터 서북쪽 20리에 있다. 상원으로 통한다〉

동대령(東大嶺)〈동쪽으로는 곡산과 통한다〉

석현(石峴)〈읍치로부터 동쪽 20리에 있다〉

재현(梓峴)〈읍치로부터 동쪽 30리에 있다〉

거오리령(巨吾里嶺)〈읍치로부터 동쪽 40리에 있다〉

민을령(民乙嶺)〈읍치로부터 동쪽 45리에 있다〉〈위의 4곳은 곡산으로 가는 길이다〉

육령(陸嶺)〈읍치로부터 서북쪽 70리에 있다. 상원의 북쪽 경계로 통하는 사잇길이다〉

원오현(院吾峴)〈읍치로부터 서남쪽 50리에 있다. 서흥으로 통한다〉

【건은령(件隱嶺)이 있다】

○능성강(能成江)〈읍치로부터 북쪽 90리에 있다. 삼등(三登)과의 경계이다〉

천곡천(泉谷川)〈읍치로부터 동쪽 30리에 있다. 언진산(彦眞山)에서 나와 왼쪽으로 성교천(星橋川)을 지나 석탄(石灘)이 되고 서남쪽으로 흘러 오른쪽으로 대교탄(大橋灘)을 지나 흑석탄(黑石灘)이 된다. 오른쪽으로 조산천(造山川)을 지나 남쪽으로 흘러 춘탄(春灘)이 되니 예성강(禮成江) 상류이다〉

흑석탄(黑石灘)〈읍치로부터 동남쪽 24리에 있다〉

춘탄(春灘)〈읍치로부터 남쪽 35리에 있다. 신계(新溪)에 보인다〉

대교탄(大橋灘)〈읍치로부터 남쪽 10리에 있다. 군의 북쪽 도동(陶洞)에서 나와 남쪽으로 흘러 흑석탄으로 들어간다〉

조산천(造山川)〈읍치로부터 서남쪽 20리에 있다. 천자산(天子山) 및 양파(陽波)의 여러 산봉우리에서 나와 만나서 동남쪽으로 흘러 위라진(位羅鎭) 판적원(板積院)을 경유하여 춘탄(春灘)으로 들어 간다〉

세동천(細洞川)〈읍치로부터 남쪽 60리에 있다. 서흥(瑞興) 웅파산에서 나와 동쪽으로 흘러 신계 사팔탄(沙八灘)으로 들어간다〉

성교천(星橋川)〈읍치로부터 동쪽 40리에 있다. 건은동(件隱洞) 대이령(大二嶺)에서 나와 남쪽으로 흘러 총령(蔥嶺)에 이르러 곡산 대농판(大隴阪)의 물이 남쪽으로부터 와서 만나서 서쪽으로 흘러 천곡천(泉谷川)에서 합해진다〉

용담(龍潭)〈읍치로부터 남쪽 1리에 있다. 바위가 마치 입에서 맑은 샘을 토해내는 듯이 하여 못을 이룬다. 가물어도 마르지 않고 비가 많이 와도 넘치지 않는다. 절벽위의 바위가 높고 10사람쯤 앉을 수 있다〉

방원천(防垣川)〈읍치로부터 북쪽 30리에 있다. 수원은 천자산(天子山) 및 만령(蔓嶺)에서 나와서 모여 방원의 좁은 길로 나와 북쪽으로 흐른다. 고성산(古城山)을 거쳐 오른쪽으로 언진산(彥眞山)의 물을 지나 마지암(馬之岩)을 경유하여 아달산(阿達山) 7봉우리와 여러 산과 고개의 물과 만나 도동(道洞) 대포(大浦)를 거쳐 신창(新倉)을 지나 능성강(能成江)으로 들어간다〉

【제언 1곳이 있다】

『성지』(城池)

고성(古城)〈읍치로부터 북쪽 40리에 있다. 신라 경덕왕 21년(762)에 쌓았는데 삼등연(三登沿) 대천(大川)으로부터 곧바로 방원(防垣)의 요충에 닿는다. 지금의 칭호는 고성산(古城山)으로 둘레는 5,837자이다〉

성현행성(城峴行城)〈패강장성(浿江長城)이니 옛 터가 있다〉

『진보』(鎭堡)

문산진(文山鎭)〈읍치로부터 북쪽 20리에 방원령(防垣嶺) 아래에 있다. ○종때 방원진(防垣鎭)을 설치하고 패강 고행성(浿江 古行城)을 수축하고 관(關)을 설치하였다. 길이는 620자이다. 성의 좌우에는 높은 산이 마주 서 있다. 인조 2년에 이괄(李适)의 병사가 이곳에 도달하였으나 감히 범하지 못하였다. 숙종 6년(1680)에 문산(文山)과 총명(聰明) 두 곳의 둔장(屯將)을 만호(萬戶)로 승격시키고 이곳에 옮겨 설치하였다. ○방수할 곳은 방원령(防垣嶺) 명월령(明月嶺) 만령(蔓嶺) 니령(泥嶺) 납노리령(納老里嶺)이다. ○병마만호(兵馬萬戶) 1원이 있다〉

위라진(位羅鎭)〈읍치로부터 서남쪽 25리에 있는데 양파령 안에 있다. 숙종 6년(1680)에 둔장을 만호로 승격시켰다. ○방수할 곳은 도한령(道汗嶺) 비륵령(飛勒嶺) 서대령(西大嶺) 성현(城峴) 양파령(陽坡嶺) 마유령(馬踰嶺) 제지령(悌只嶺)이다. ○병마만호 1원이 있다〉

「혁폐」(革廢)

방원진(防垣鎭)〈읍치로부터 북쪽 15리에 있다. 조선에서 수안 신계 서흥 우봉의 4읍의 군대로써 윤번(輪番)하여 방수하게 하였다. 중종 5년(1510)에 강음현(江陰縣)의 탈미곡(脫彌谷)으로 옮겼다가 곧 폐하였다〉

총령진(葱嶺鎭)〈읍치로부터 동쪽 35리에 있다. 본래 총면(聰明)의 둔장이었는데 숙종 6년

(1680)에 둔장을 만호로 올려 건은령(件隱嶺) 민을령(民乙嶺) 동대령(東大嶺)을 방수하게 하고 곧 문산진에 합쳤다〉

『**창고』(倉庫)**

읍창

사창(社倉)〈읍치로부터 서북쪽 25리 대천방(大千坊)에 있다〉

신창(新倉)〈읍치로부터 북쪽 70리에 있다〉

동창(東倉)〈읍치로부터 동남쪽 25리에 있다〉

『**역참』(驛站)**

위라역(位羅驛)〈읍치로부터 남쪽 15리에 있었다〉

「**혁폐」(革廢)**

사암역(射岩驛)〈읍치로부터 북쪽 15리에 있었다〉

○판적원(板積院)〈읍치로부터 서남쪽 25리에 있다. 이에 중화 황주 상원의 모든 길이 만나는 곳이고 서대령 마유령 양파령의 사이에 처해 있고, 또한 서흥의 동쪽 고개인 건은치에 가까이 있다. 길의 입구가 꽤 터져 있어서 요로(要路)가 없고 굽이 도는 고개이다〉

성교원(星橋院)〈읍치로부터 동쪽 40리에 곡산으로 가는 길에 있다〉

『**토산』(土産)**

철(鐵)〈옛날에는 은과 동이 났다〉

배[이(梨)]·오미자(五味子)·지치[자초(紫草)]·벌꿀[봉밀(蜂蜜)]·송이버섯[송심(松蕈)]·석이버섯[석심(石蕈)]·활[궁간(弓幹)]·뽕[상(桑)]·누치[눌어(訥魚)]·은어[은구어(銀口魚)]·산달(山獺)

『**장시』(場市)**

읍내장은 1일·6일이고 위라장(位羅場)은 2일·7일이며 문산장(文山場)은 5일·10일이고 소산장(所山場)은 2일·7일이다.

『사원』

용계서원(龍溪書院)〈현종 임인년(1662)에 세웠고 숙종 무자년(1708)에 사액되었다〉에서 관령(管寧)〈자(字)는 유안(幼安)이고 한(漢)나라 북해(北海) 사람이다. 헌제(獻帝)때 요동(遼東)에 와서 지냈다〉 이연송(李連松)〈수안(遂安) 사람이다. 고려 때 평장사(平章事)를 지냈고 수안군(遂安君)이 되었다. 충숙왕을 따라 원(元)나라에 가서 사약(死藥)을 받고 죽었다〉 강백년(姜柏年)〈자는 숙구(叔久)이고 호는 설봉(雪峰)이며 진주(晉州) 사람이다. 관직은 판중추(判中樞)를 지냈고 의정(議政)에 추증(追贈)되었다. 시호는 문정(文貞)이다〉을 제향한다.

『누정』(樓亭)

풍화루(風和樓)가 있다.

『전고』(典故)

고려 현종 10년(1019)에 수안 중산 협계 신은 등 현의 백성이 거란의 침입으로 곤경을 당하여 관에서 식량을 내어주었다. 명종 8년(1178)에 서적(西賊)〈조위총(趙位寵)의 난을 말한다. 평양(平壤)조에 보인다〉이 수안을 함락하였다. 고종 32년(1245)에 몽고병 400인이 북쪽 요새의 여러 성에 침입하여 수안현에 이르렀는데 수달(水獺)을 잡는다고 칭탁하고 모든 산천과 벽촌을 수색하지 않는 곳이 없었다. 이에 이르러 백성들이 피하여 숨은 자가 모두 잡혀갔는데 벗어난 사람이 거의 없었다. 고종 45년(1258)에 몽고의 척후(斥候)기병(騎兵) 1,000인이 수안의 경계에 들어와 야별초(夜別抄)를 보내어 방어하였다.

9. 신천군(信川郡)

『연혁』(沿革)

본래 고구려의 승산(升山)이었는데 신라 경덕왕 16년(757)에 중반군(重盤郡)의 영현(領縣)이 되었다. 고려 태조 23년(940)에 신주(信州)로 고치고 성종 14년(995)에 방어사를 두었다. 현종 3년(1012)에 폐하여 황주(黃州)에 속하게 하였고 후에 감무를 두었다. 조선 태종 13년(1413)에 신천현감(信川縣監)으로 고쳤고 예종 원년(1469)에 군수로 승격시켰다.〈중국에

환관으로 들어간 정동(鄭同)의 고향이기 때문이었다〉

「읍호」(邑號)

신안(信安)〈고려 성종이 정하였다〉·신성(信城)·승주(升州)

「관원」(官員)

군수(郡守)〈황주진관병마동첨절제사(黃州鎭管兵馬同僉節制使)를 겸한다〉 1원이다.

『방면』(方面)

동부방(東部坊)〈읍치로부터 10리에서 끝난다〉

서부방(西部坊)〈읍치로부터 10리에서 끝난다〉

마산방(馬山坊)〈읍치로부터 동남쪽 10리에 있다〉

능동방(陵洞坊)〈읍치로부터 남쪽 10리에서 시작하여 20리에서 끝난다〉

대정방(大井坊)〈위와 같다〉

두라방(頭羅坊)〈읍치로부터 남쪽 15리에서 시작하여 45리에서 끝난다〉

가개방(加介坊)〈읍치로부터 남쪽 15리에서 시작하여 30리에서 끝난다〉

연사방(蓮寺坊)〈읍치로부터 동남쪽 20리에서 시작하여 30리에서 끝난다〉

어항방(於項坊)〈읍치로부터 동쪽 10리에서 시작하여 20리에서 끝난다〉

가산방(加山坊)〈읍치로부터 동북쪽 15리에서 시작하여 25리에서 끝난다〉

어로방(漁蘆坊)〈읍치로부터 동북쪽 25리에서 시작하여 40리에서 끝난다〉

성월방(聲月坊)〈읍치로부터 북쪽 20리에서 시작하여 35리에서 끝난다〉

가음곶방(加音串坊)〈읍치로부터 북쪽 10리에서 시작하여 20리에서 끝난다〉

중령방(中嶺坊)〈읍치로부터 북쪽 10리에 있다〉

삼동방(森洞坊)〈읍치로부터 10리에 끝난다. 내석향(內石鄉)은 북쪽 10리에 있다〉

【불적방(佛赤坊)이 있다】

『산수』(山水)

화산(花山)〈읍치로부터 북쪽 5리에 있다〉

천봉산(天奉山)〈읍치로부터 남쪽 15리에 있다. 위에는 용정(龍井)이 있다〉

신성산(信城山)〈읍치로부터 북쪽 7리에 있다〉

천사산(天使山)〈읍치로부터 서북쪽 5리에 있다〉

남산(南山)〈읍치로부터 남쪽 5리에 있다〉

중령산(中嶺山)〈일명 양령산(兩靈山)이라고도 한다. 읍치로부터 북쪽 11리에 있다〉

우산(牛山)〈읍치로부터 동북쪽 15리에 있다. 크고 작은 두 개의 산이 있다〉

능동산(陵洞山)〈읍치로부터 남쪽 15리에 있다〉

굴산(窟山)〈읍치로부터 동북쪽 20리에 있다〉

【증산(甑山)이 있다】

「영로」(嶺路)

화연령(火燃嶺)〈읍치로부터 북쪽 30리에 있다. 안악과의 경계이다〉

새장현(塞墻峴)〈읍치로부터 서쪽 5리에 있다. 문화와의 경계이며 모두 대로이다〉

○누교천(樓橋川)〈읍치로부터 남쪽 4리에 있다. 송화(松禾) 요교천(燒橋川) 하류가 동북쪽으로 흘러 삼교평(三橋坪)에 이르러 부정천(婦貞川)을 지나 우산포(牛山浦)가 되며, 마오천을 지나 안악(安岳) 영진포(迎津浦)가 된다〉

마오천(馬塢川)〈읍치로부터 북쪽 20리에 있다. 근원은 문화(文化) 구월산(九月山)에서 나와 동쪽으로 흘러 문화 갈산(㐦山)에 이르러 지경천(地境川)이 된다. 마오천은 어로평(漁蘆坪)에 이르러 영진포(迎津浦)로 들어간다. 문화현에 상세하다〉

부정천(婦貞川)〈읍치로부터 남쪽 10리에 있다. 천봉산(天奉山)에서 나와 동북쪽으로 흘러 삼교평(三橋坪)에 이르러 누교천(樓橋川)으로 들어간다〉

【제언은 34곳이고 동보(垌洑)는 7곳이다】

우산포(牛山浦)〈읍치로부터 동북쪽 10리에 있다. 소우산(小牛山)의 하루교(下樓橋)와 부정천(婦貞川) 두 물의 합류처이다〉

온천(溫泉)〈읍치로부터 동쪽 6리에 있다〉

어로평(漁蘆坪)〈읍치로부터 동북쪽 30리에 있다〉

삼교평(三橋坪)〈읍치로부터 동북쪽 10리에 있다〉〈위의 2평(坪)은 모두 조수(潮水)를 막기 위해 제방(堤防)을 축조하여 벼농사가 끝이 없고 갈대가 들에 가득하다. 토질은 매우 비옥하고 또 고기와 게가 많이 잡힌다〉

『성지』(城池)

고토성(古土城)〈신성산(信城山)에 있다〉

『창고』(倉庫)

읍창·남창(南倉)〈읍치로부터 남쪽 10리에 있다〉

『역참』(驛站)

원산역(元山驛)〈읍치로부터 동쪽 5리에 있다〉

『토산』(土産)

철(鐵)·갈대[노(蘆)]·억새[적(荻)]·붕어[즉어(鯽魚)]·게[해(蟹)]

『장시』(場市)

읍내장은 1일·6일이고 조우장(棗隅場)은 4일·9일이다.

『사원』(祠院)

정원서원(正源書院)〈선조 무자년(1588)에 건축하였고 숙종 경인년(1710)에 사액하였다〉 에서 주자(朱子)·조광조(趙光祖)·이황(李滉)·이이(李珥)〈모두 문묘에 있다〉를 제향한다.

『전고』(典故)

고려 고종 23년(1236)에 몽고병의 선봉(先鋒)이 신주(信州)에 이르렀다. 우왕 3년(1377) 과 5년(1379)에 왜구가 신주에 들어왔다.

10. 신계현(信溪縣)

『연혁』(沿革)

본래 백제의 사소올(沙所兀)이었는데 아신왕(阿莘王) 때 고구려에게 빼앗겼고 신라 경덕왕 16년(757)에 신은(新恩)이라 고쳐 영풍군(永豊郡)의 영현(領縣)이 되었다. 고려 현종 9년(1018)에 곡주(谷州)에 속하였고 고종 46년(1259)에 지담주사(知覃州事)로 승격시켰다. 〈위사공신(衛社功臣) 이공주(李公柱)의 고향이기 때문이다〉 후에 다시 신은현(新恩縣)이 되어 곡주(谷州)에 속하였다. 공양왕 3년(1391)에 신은(新恩), 협계(俠溪)를 모두 경기우도에 예속시켰다. 조선 태조 3년(1394)에 황해도에 되돌렸고 태조 5년(1396)에 비로소 감무를 두어 협계를 내속시켰다. 태종 13년(1413)에 현령으로 고치고 세종 27년(1445)에 신계(新溪)로 고쳤다.〈두 현의 이름을 취한 것이다〉

「읍호」(邑號)

신성(新城)

「관원」(官員)

현령(縣令)〈황주진관병마첨절제도위(黃州鎭管兵馬僉節制都尉)를 겸한다〉 1원이 있다.

『고읍』(古邑)

협계(俠溪)〈읍치로부터 남쪽 30리에 있다. 본래 백제 매차홀(買且忽)이었는데 후에 수곡성(水谷城)으로 고치고, 신라 경덕왕 16년(757)에 단계(檀溪)라고 고쳐 영풍군(永豊郡)의 영현으로 삼았다. 고려 태조 23년(940)에 협계라 고치고 현종 9년(1018)에 곡주에 속하였다. 조선 태조 때 내속되었다〉

신은고지(新恩古址)〈읍치로부터 동남쪽 25리에 있다〉

『방면』(方面)

중부방(中部坊)〈읍내에 있다〉

동리방(東里坊)〈읍치로부터 동쪽 10리에서 시작하여 25리에서 끝난다〉

고도방(孤島坊)〈읍치로부터 동쪽 10리에서 시작하여 45리에서 끝난다〉

채촌방(茱村坊)〈읍치로부터 동북쪽 40리에서 시작하여 60리에서 끝난다〉

지파곡방(芝破谷坊)〈읍치로부터 북쪽 15리에서 시작하여 40리에서 끝난다〉

사이곡방(沙伊谷坊)〈읍치로부터 북쪽 15리에서 시작하여 60리에서 끝난다〉

적암방(赤岩坊)〈읍치로부터 북쪽 15리에서 시작하여 55리에서 끝난다〉

여배이방(余背耳坊)〈읍치로부터 서쪽 20리에서 시작하여 40리에서 끝난다〉

마지곡방(麻知谷坊)〈읍치로부터 서쪽 15리에서 시작하여 40리에서 끝난다〉

서리방(西里坊)〈읍치로부터 서쪽 15리에 있다〉

율탄방(栗灘坊)〈읍치로부터 남쪽 13리에서 시작하여 30리에서 끝난다〉

수회방(水回坊)〈읍치로부터 동남쪽 30리에서 시작하여 45리에서 끝난다〉

다원방(多院坊)〈읍치로부터 동남쪽 30리에 있다〉

『산수』(山水)

구봉산(九峯山)〈읍치로부터 북쪽 2리에 있는데 큰 산이 방대하다〉

학봉산(鶴峯山)〈읍치로부터 동남쪽 40리에 있다. 산의 기반이 본 현과 금천(金川) 토산(兎山)의 경계에 걸쳐 있는데 산이 깊고 중첩되어 있다〉

태일산(太一山)〈읍치로부터 동쪽 25리에 있다. 산의 남쪽에 성암(星岩)이 있다. ○봉지사(鳳池寺)가 있다〉

기달산(箕達山)〈읍치로부터 동쪽 50리에 있다. ○고려 우왕 때 『도선비기』(道詵密記)에 근거하여 권중화(權仲和) 등을 보내 기달산에 궁궐을 지었다. 장단(長湍)의 백악산(白岳山)을 좌소(左蘇)로 삼고 풍덕(豊德)의 백마산(白馬山)을 우소(右蘇)로 삼고 기달산을 북소(北蘇)로 삼아 삼소(三蘇: 고려시대에 수도였던 개경의 지덕을 위하여 설정하였던 세 지역으로서 지리도참사상과 산악숭배사상이 결합되어 나타난 것이라 할 수 있다/역자주)라 칭하였는데 옛 터가 아직도 남아있다〉

천개산(天盖山)·화개산(華盖山)〈천개산의 남쪽인데 모두 읍치로부터 동쪽 30리에 있다〉

송천산(松泉山)〈읍치로부터 동쪽 5리에 있다〉

묵방산(墨方山)〈읍치로부터 북쪽 15리에 있다〉

오보산(五峯山)〈읍치로부터 서북쪽 30리에 있다〉

미산(眉山)〈읍치로부터 북쪽 25리에 있다. 두 산은 수안과의 경계이다〉

감정산(甘丁山)〈읍치로부터 동북쪽 30리에 있다. 곡산과의 경계이다〉

오도산(惡道山)〈읍치로부터 서쪽 40리에 있다. 서흥과의 경계이다〉

목단산(牧丹山)〈읍치로부터 남쪽 35리에 있다. 토산과의 경계이다〉

학소봉(鶴巢峯)〈읍치로부터 서쪽 1리에 있다. 위에는 현종(懸鍾)이 있고 아래는 간월암(看月岩)이 있다〉

탁목봉(啄木峯)〈읍치로부터 남쪽 5리에 있다〉

「영로」(嶺路)

오소령(烏巢嶺)〈읍치로부터 북쪽 15리에 있다. 수안대로로 통한다〉

갈현(葛峴)〈읍치로부터 서쪽 35리에 있다. 서흥의 경계이며 서흥으로 통한다〉

신파현(薪坡峴)〈읍치로부터 동쪽 50리에 있다. 이천과의 경계이며 이천으로 통한다〉

사솔치(沙率峙)〈읍치로부터 동남쪽 40리에 있다. 토산과의 경계이다〉

○춘탄(春灘)〈읍치로부터 북쪽 40리에 있다. 수안 흑석탄(黑石灘)의 하류이다〉

사팔탄(沙八灘)〈읍치로부터 북쪽 25리에 있다. 춘탄의 하류이다〉

사라탄(沙羅灘)〈읍치로부터 서쪽 8리에 있다. 사팔탄의 하류이다〉

율탄(栗灘)〈읍치로부터 남쪽 30리에 있다. 사라탄(沙羅灘)의 하류인데 그 다음은 평산(平山) 기탄(岐灘)이라 하고 오른쪽은 예성강(禮成江) 상류이다〉

오소천(烏巢川)〈읍치로부터 북쪽 10리에 있다. 근원은 이천(伊川) 개련산(開蓮山)의 서쪽 가지에서 나와서 서쪽으로 흘러 기달산(箕達山)과 태일산(太一山)의 북쪽을 돌아 사라탄 상류로 들어간다〉

남천(南川)〈일명 남탄(南灘)이라고도 한다. 기달산과 천개산에서 나와서 서쪽으로 흘러 태일산의 남쪽에 이르러 성암(星岩)을 경유하여 유천(楡川)이 되고 현(縣)의 남쪽에 이르러 빙둘러 굽어서 서쪽으로 사라탄(沙羅灘)으로 들어간다. ○성암(星岩)의 아래에는 못이 있고 암벽이 뾰죽뾰죽 서있다〉

영신포(迎新浦)〈읍치로부터 동남쪽 30리에 있다. 천개산과 화개산 학봉산의 여러 산에서 나와 서남쪽으로 흘러 고신은(古新恩)을 경유하여 합쳐서 서쪽으로 흘러 협계고현(峽溪古縣)의 남쪽을 경유하여 율탄(栗灘) 상류로 들어간다〉

노연(蘆淵)〈탁목봉(啄木峯)의 남쪽에 있다〉

『역참』(驛站)

소평역(所坪驛)〈읍치로부터 남쪽 5리에 있다〉

「혁폐」(革廢)

관산역(管山驛)〈현(縣)의 동쪽에 있다〉

생곡역(桎谷驛)〈현(縣)의 남쪽에 있다〉

『교량』(橋梁)

방아교(方阿橋)〈읍치로부터 남쪽 22리에 있다. 율탄의 하류이다〉

남천교(南川橋)〈읍치로부터 남쪽 1리에 있다〉

오소천(烏巢川)〈읍치로부터 북쪽 10리에 있다〉

사라탄교(沙羅灘橋)〈읍치로부터 서쪽 8리에 있다. 서흥의 오른쪽으로 통한다. 모두 대로 이다〉

『토산』(土産)

철(鐵)·지치[자초(紫草)]·오미자(五味子)·송이버섯[송심(松蕈)]·배[이(梨)]·누치[눌어(訥魚)]

『장시』(場市)

읍내장은 2일·7일이고 고신은장(古新恩場)은 1일·6일이며 보음장(甫音場)은 4일·9일이고 유천장(楡川場)은 5일·10일이며 대평장(大坪場)은 1일·6일이다.

『누정』(樓亭)

수림정(秀林亭)〈읍치로부터 동쪽 1리에 있다. 남쪽으로 흐르는 물가에 나무 1그루가 있는데 1,000자가 된다〉·영한루(詠閑樓)·청심정(淸心亭)〈모두 현(縣) 내에 있다〉

『전고』(典故)

백제 근초고왕(近肖古王) 30년(375: 근구수왕 원년/역자주)에 고구려가 북쪽의 수곡성(水谷城)을 함락하였다. 아신왕(阿莘王) 3년(394)에 왕이 정병(精兵) 5,000기(騎)를 이끌고 고구려를 침공하였으나 수곡성 아래에서 도리어 격퇴되어 패(敗)하였다. 고구려는 남쪽에 7성을 쌓았는데 백제의 침구를 대비하기 위한 것이었다. 무령왕(武寧王) 3년(503)에 고구려의 수곡성을 쳤다. ○고려 현종 10년(1019)에 거란의 소손녕(蕭遜寧)이 신은현(新恩縣)에 이르렀는데 경성(京城)과의 거리가 100리이다. 고려는 청야작전(淸野作戰: 전쟁할 때에 그 지역의 백성과 물자를 모두 대피시켜 적의 노략을 막고 물자를 차단하는 전략이다/역자주)으로 대항하였다. 소손녕이 회군(回軍)을 알리고서 몰래 척후기병(斥候騎兵) 300여 명을 금교역(金橋驛)에 보냈는데 고려는 100명의 군사를 보내 야음(夜陰)을 타고 그들을 모두 죽였다. 고종 41년에 몽고 기병 30명이 와서 관산역(管山驛)에 주둔하였다.〈척후기병이 또 광주(廣州)에 왔다〉 우왕 4년(1378)에 권중화(權仲和)를 협계(俠溪)에 지리(地理)를 보러 보냈다. 조정의 의논이 산골짜기에 궁벽하게 있어서 조운과 선박이 불통하는 곳이라 하여 잠잠해졌다. ○조선 인조 5년(1627)에 후금(後金)의 병사가 갑자기 와서 황해병사(黃海兵使) 이일(李溢) 황주판관 이숙(李䎘) 봉산군수(鳳山郡守) 나덕헌(羅德憲) 문화현령(文化縣令) 경신준(慶信俊) 신계현령(信溪縣令) 이이성(李以省)이 군사 3,000명을 이끌고 신계(信溪)에 주둔하였다. 몽고의 유격(遊擊) 기병을 만나 군대가 궤멸(潰滅)되고 경신준(慶信俊)이 힘껏 싸웠으나 그곳에서 죽었다.

11. 문화현(文化縣)

『연혁』(沿革)

본래 고구려의 궁홀(弓忽)〈일명 궁올(弓兀)이다〉이었는데 신라 경덕왕 16년(757)에 궐구(闕口)로 고치고 중반군(重盤郡)의 영현으로 삼았다. 고려 태조 23년(940)에 유주(儒州)로 고치고 현종 9년(1018)에 풍주(豊州)에 속하게 하였다. 예종(睿宗) 원년(1106)에 감무를 두었다. 고종 46년(1259)에 문화현령으로 올렸다.〈위사공신(衛社功臣) 유경(柳璥)의 고향이기 때문이다〉 조선에서도 그대로 따랐다. 중종 15년(1520)에 건지산(乾止山)의 남쪽으로 치소를 옮겼다.〈옛 치소는 북쪽 13리에 있다〉 당저(當宁/당대 왕 즉 철종이다/역자주) 2년〈신해년: 1851〉에 현감으로 내렸고 11년(1860)에 다시 올렸다.

「읍호」(邑號)

시령(始寧)〈고려 성종 때 정하였다〉·문성(文城)

현령(縣令)〈황주진관병마절제도위(黃州鎭管兵馬節制都尉)를 겸한다〉 1원이다.

『방면』(方面)

읍내방(邑內坊)〈읍치로부터 10리에서 끝난다〉

서부방(西部坊)〈읍치로부터 10리에서 시작하여 20리에서 끝난다〉

갈산방(葛山坊)〈읍치로부터 동쪽 5리에서 시작하여 20리에서 끝난다〉

초천방(草川坊)〈읍치로부터 북쪽 10리에서 시작하여 30리에서 끝난다〉

용진방(用珍坊)〈읍치로부터 북쪽 30리에서 시작하여 40리에서 끝난다〉

초리방(草里坊)〈읍치로부터 서쪽 30리에서 시작하여 40리에서 끝난다〉

흥왕방(興往坊)〈읍치로부터 서쪽 30리에서 시작하여 40리에서 끝난다〉

궁촌방(弓村坊)〈읍치로부터 서남쪽 15리에서 시작하여 30리에서 끝난다〉

방죽동방(方竹洞坊)〈읍치로부터 남쪽 10리에서 시작하여 25리에서 끝난다〉

『산수』(山水)

건지산(乾止山)〈읍치로부터 북쪽 4리에 있다〉

구월산(九月山)〈읍치로부터 북쪽 30리에 있다. 안악(安岳) 장련(長連) 은율(殷栗) 문화(文化)의 경계와 맞닿아 있다. 웅장한 반석이 크고 높고 바위의 형세는 험준하여 천 개의 봉우리가 하늘로 치솟은 것이 창을 나란히 세운 것 같다. 서쪽 북쪽 동쪽 3면이 모두 바다로 둘렸으며, 왼쪽은 100리의 비옥한 들판을 끼고 있고 오른쪽으로는 천 길의 구름 낀 성첩이 있다. 사찰 수십 곳이 있는데 모두 명승의 절경이다. 패엽사(貝葉寺)와 묘각사(妙覺寺)가 있는데 경치가 더욱 뛰어나다. ○본래 궁올산(弓兀山)이었는데 읍호를 따라서 산의 이름으로 한 것이다. 후에 변하여 빠르게 부르면 궐산(闕山)이라 하고, 느리게 부르면 구월(九月)이라 한 것이다. 『동국유사(東國遺事)』에 이르기를 단군이 백악(白岳)으로 도읍을 옮겼으니 지금의 구월산(九月山)이다 하였다. 또 상(商)나라 무정(武丁) 8년에 단군이 아사달산에 들어가서 신이 되었다 하였는데 지금 구월산에 궁궐의 유지(遺址)가 있으니 그런 까닭에 궐산(闕山)이라 한다. 이는 모두 와전(訛傳)되고 견강부회(牽強附會)된 설이니 단군의 연대와 도읍지는 정확하게 가리킬 수 없는 것이다〉

【아사달산(阿斯達山)은 안악군(安岳郡)의 옛 칭호이다】

운계산(雲溪山)〈읍치로부터 남쪽 20리에 있다〉

추산(錐山)〈읍치로부터 서쪽 20리에 있다. 모두 송화(松禾)와의 경계이다〉

묵산(墨山)〈읍치로부터 서쪽 40리에 있다. 풍천(豊川) 송화(松禾) 양 읍과의 경계이다〉

구라산(仇羅山)〈읍치로부터 남쪽 70리에 있다〉

광대산(廣大山)〈읍치로부터 서쪽 25리에 있다〉

전산(錢山)〈읍치로부터 북쪽 5리에 있다〉

용산(龍山)〈읍치로부터 북쪽 20리에 있다〉

갈산(旮山)〈읍치로부터 북쪽 12리에 있다. ○고려 공민왕 6년(1357)에 백령진(白翎鎭)의 수로가 험난하기 때문에 출륙하여 갈산(旮山)에 우거하여 있었는데 얼마 후에 땅이 좁아서 진을 폐하여 옛 터만 남아있다〉

일출봉(日出峯)·주토봉(朱土峯)〈안악(安岳)에 보인다〉·광봉(廣峯)〈모두 구월산에 있다〉

장장평(莊莊坪)〈갈산(旮山)의 서쪽에 있다. 『고려사』에 이르기를 "장장평은 곧 당장경(唐藏京)이 와전(訛傳)되어 전해진 것으로 단군(檀君)이 도읍한 궁궐의 고지(古址)가 있다." 하였다. ○생각건대 조선이 기준(箕準)으로 나라를 잃고 바다에 떠돌며 남쪽으로 대아(大阿)의 입구에 들어가 이곳에 머물러 거하였고 한다. 『후한서』에 이르기를 "기준(箕準)이 바다로 가서 마한(馬韓)을 공격하여 격파하였다. 기준(箕準)은 후에 멸절되었다."라 하였고, 『위략(魏略)』에는 이르기를 "준왕(準王)이 바다 가운데서 조선과 더불어 서로 왕래하지 않았다."라 하였다. ○준(準)이 요양(遼陽)에서부터 바다로 나와 이곳에 와서 멈춘 것은 수로(水路)로 1,000여 리가 되는데, 나라를 버리고 바쁘게 나오는 형편에 오히려 여기에 어려웠을텐데 『유사(遺事)』에서 익산(益山)으로서 준(準)이 도읍(都邑)으로 삼은 곳이라 한 것은 증빙(證憑)하기에 부족하다. 여기서부터 익산(益山)에 이르기까지 수로가 또 1,500리이고 또 장산곶(長山串)과 안흥량(安興梁)의 험한 뱃길이 있는데 어찌 공격하고 쫓겨가는 마지막 형세에 험난한 3,000리를 건너와서 남의 토지를 빼앗아 도읍을 세울 수 있겠는가. 대개 평안도와 황해도의 양 도는 요양과의 거리가 멀어도 7, 800리이니, 반드시 준(準)의 정치와 교화가 미칠 수 있었을 것이다. 장장평(莊莊坪)은 준(準)이 도읍을 옮겨 머무른 곳이라는 것이 의심이 없으나 후세 사람이 매번 오래되어 근거가 없는 것을 아득한 먼 모르는 것으로 전하여 일부러 단군의 나중 도읍지였다는 설을 만들어 낸 것이 아닌가 한다.

【'바다로 들어가 마한(馬韓)을 공격하여 격파하였다'라고 한 것은 본 도가 마한의 땅이 되었었기 때문에 그렇게 말한 것이다.

'왕이 바다속에서'라고 말한 것은 안악 문화 등의 땅이 3면이 바다로 둘러싸여 있기 때문에 그렇게 말한 것이다】

「영로」(嶺路)

차유령(車踰嶺)〈읍치로부터 서북쪽 30리에 있다. 은율과의 경계이다〉

○남천(南川)〈구라산에서 나와 동쪽으로 흘러 현의 남쪽을 지나간다〉

운계천(雲溪川)〈읍치로부터 동남쪽 15리에 있다. 운계산에서 나와 동북쪽으로 흘러 남천에서 합친다〉

지경천(地境川)〈읍치로부터 동북쪽 19리에 있다. 구월산(九月山) 용문산(龍門山) 광대산(廣大山)의 여러 산에서 나와 합쳐서 동쪽으로 흘러 지경천이 되고 운계천에서 만나 마오천으로 들어간다〉

오천(烏川)〈읍치로부터 서쪽 30리에 있다. 묵산(墨山)에서 나와 남쪽으로 흘러 송화 수회천(水回川)의 상류가 된다〉

우촌온천(亏村溫泉)〈읍치로부터 남쪽 15리에 있다. 물이 돌 사이에서 나오며 매우 맑다〉

종달온천(終達溫泉)〈읍치로부터 서쪽 30리에 있다〉

【동보(垌洑)는 23곳이다】

『창고』(倉庫)

읍창·북창〈읍치로부터 북쪽 30리에 있다〉·서창(西倉)〈읍치로부터 서쪽 15리에 있다〉

『역참』(驛站)

연양역(延陽驛)〈읍치로부터 남쪽 50리에 있다〉

『토산』(土産)

잣[해송자(海松子)]·송이버섯[송심(松蕈)]

『장시』(場市)

읍내장은 3일·10일이다.

『묘전』(廟殿)

삼성묘(三聖廟)〈구월산(九月山)에 있다.『고려사』에는 삼성사(三聖祠)라 칭하였다.『국조보감(國朝寶鑑)에 이르기를 "성종 13년(994)에 환인(桓因) 환웅(桓熊) 단군(檀君)의 삼성묘(三聖廟)를 문화현(文化縣)의 구월산(九月山)에 세우고 해마다 향축(香祝)을 보내 제사지내게 하였다."라고 하였다. 황해도관찰사 이예(李芮)의 청(請)에 따른 것이다.『고려사』의 '환'(桓)자는 모두 '단'(檀)자로 고쳤다. ○생각건대 구월산을 일컬어 단군이 도읍한 곳이라고 하는 것은 후세 사람이 추모하여 묘를 세운 것이니 정확한 것은 알 수가 없다〉에서 환인(桓因)·환웅(桓雄)〈환인의 서자(庶子)로서 속세의 이름은 곤씨(坤氏)이다〉·단군(檀君)〈수권(首卷)에 상세하다. 후손은 동부여(東夫餘)와 북부여(北夫餘)로 나뉘어지는데 그 연대는 반고씨(盤古氏)의 세기(世紀)와 비슷하다〉를 제사 지낸다.

『사원』(祠院)

봉강서원(鳳岡書院)〈효종(孝宗) 병신년(1656)에 지었고 숙종 을묘년(1675)에 사액되었다〉에서 주자(朱子)·조광조(趙光祖)·이황(李滉)·이이(李珥)〈모두 문묘에 있다〉를 제사지낸다.

○정계서원(程溪書院)〈현종(顯宗) 경술년(1670)에 지었고 숙종 무자년(1708)에 사액되었다〉에서 유관(柳寬)〈자(字)는 경부(敬父) 호는 하정(夏亭)이고 문화(文化) 사람이다. 관직은 우의정으로 치사(致仕)하였고 시호는 문정(文貞)이다〉을 제향한다.

『전고』(典故)

고려 우왕 3년(1377)에 왜구가 문화에 들어왔다. 원수(元帥) 조인벽(趙仁璧) 나세(羅世) 심덕부(沈德符)등이 싸웠으나 이기지 못하였다. ○조선 명종 17년(1562)에 해서(海西)의 광적(獷賊) 임꺽정(林巨正)이 당여(黨與)를 모아서 여러 읍에 출몰하여 살인하고 노략질을 무수히 하니 마을이 소란스러웠다. 조정(朝廷)에서 선전관(宣傳官) 정수익(鄭受益)과 봉산군수(鳳山郡守) 이흠례(李欽禮)등을 파견하여 500명의 군대를 이끌고 잡으려 하였다. 적(賊)은 구월산(九月山)에 들어가 거점을 삼고 관군에 대항하였는데 부장(部將) 연천령(延千齡)이 적(賊)에게 살해되고 정수익(鄭受益) 등은 부득이 돌아왔다. 이때에 적은 더욱 거리낌없이 백성의 집을 불사르고 기전(畿甸)과 양서(兩西: 황해도와 평안도를 말함/역자주)의 수백 리의 여행이 통하지 못하였다. 이에 남치근(南致勤)을 포토사(捕討使)로서 재령군(載寧郡)에 출진시키고 백유검(白惟儉)을 순검사(巡檢使)로 하여 평산부(平山府)에 출진시켰다. 적은 무리를 이끌고 구월산(九月山)에 들어가 험준한 곳에 나누어 거점을 삼았다. 남치근이 군마를 많이 모아 산아래에 진을 치자 적이 하산하지 못하여 곤궁하게 되었다. 적은 계략이 다하여 사로잡혔다.

12. 토산현(兎山縣)

『연혁』(沿革)

본래 백제의 오사함달(烏斯含達)〈일명 합달(蛤達)〉이었는데 아신왕(阿莘王) 때 고구려에 빼앗겼다. 신라 경덕왕 16년(757)에 토산군(兎山郡)〈영현(領縣)은 3곳이니 안협(安峽) 이천(伊川) 삭령(朔寧)이다〉으로 고치고 한주(漢州)에 예속시켰다. 고려 현종 9년(1018)에 장단(長湍)에 속하고 상서도성(尙書都省)에 직예(直隷)시켰다. 문종 16년(1062)에 개성부에 옮겨 속하게 하고 예종 원년(1106)에 감무를 두었다.〈공양왕 3년(1391)에 경기우도에 예속되었다〉

조선 태종 13년(1413)에 현감〈풍해도(豊海道)로 환속(還屬)되었다〉으로 고쳤다.

「읍호」(邑號)

월성(月城)

「관원」(官員)

현감(縣監)〈황주진관병마절제도위(黃州鎭管兵馬節制都尉)를 겸한다〉 1원이 있다.

『방면』(方面)

다치방(多峙坊)〈읍치로부터 동쪽 10리에서 끝난다〉

숙인방(宿仁坊)〈읍치로부터 남쪽 10리에서 시작하여 30리에서 끝난다〉

석적방(石積坊)〈읍치로부터 서쪽 15리에서 시작하여 30리에서 끝난다〉

천동방(泉洞坊)〈읍치로부터 북쪽 30리에서 시작하여 50리에서 끝난다〉

서가동방(西加洞坊)〈읍치로부터 서쪽 35리에서 시작하여 50리에서 끝난다〉

미원동방(未原洞坊)〈읍치로부터 서쪽 50리에서 시작하여 60리에서 끝난다〉

유촌방(柳村坊)〈읍치로부터 북쪽 10리에서 시작하여 30리에서 끝난다〉

외현방(外縣坊)〈읍치로부터 서쪽 5리에서 시작하여 20리에서 끝난다〉

『산수』(山水)

송이산(松耳山)〈읍치로부터 북쪽 2리에 있다〉

화산(花山)〈읍치로부터 동남쪽 2리에 있다〉

관문산(觀門山)〈읍치로부터 남쪽 7리에 있다〉

두모산(豆毛山)〈읍치로부터 남쪽 25리에 있다〉

부압산(浮鴨山)〈읍치로부터 동쪽 15리에 있다. 삭령(朔寧)과의 경계이다〉

정산(碇山)〈읍치로부터 서남쪽 20리에 있다〉

학봉산(鶴峯山)〈읍치로부터 서북쪽 30리에 있다. 신계(信溪) 금천(金川)과의 경계이다. 뻗어나간 것이 매우 넓고 산이 겹겹이 중첩되어 있다. 석대(石臺)가 있고 칠성단(七星壇)이 있다. ○석두사(石頭寺)가 있다〉

「영로」(嶺路)

동참(東站)〈읍치로부터 동쪽 15리에 있다. 삭령로(朔寧路)이다〉

석두치(石頭峙)〈읍치로부터 북쪽 10리에 있다〉

석현(石峴)〈읍치로부터 서쪽 10리에 있다〉

송현(松峴)〈읍치로부터 서쪽 30리에 있다〉

생선현(生鮮峴)〈읍치로부터 서북쪽 45리에 있다〉

갈현(葛峴)〈읍치로부터 서북쪽 55리에 있다〉

사솔치(沙率峙)〈읍치로부터 서북쪽 65리에 있다. 신계(信溪)와의 경계이다〉〈위의 5현은 신계로 가는 한 길이다〉

대추현(大秋峴)〈신계로 가는 길이다〉

○북포(北浦)〈읍치로부터 북쪽 20리에 있다. 안협포(安峽浦) 이진(里津)의 하류이다〉

동대천(東大川)〈읍치로부터 동쪽 2리에 있다. 북포의 하류이다. 위는 임진(臨津)에 상세하다〉

비래천(飛來川)〈읍치로부터 서쪽 30리에 있다. 금천군(金川郡)의 원중천(元中川)의 상류

이다. 천(川) 위에는 용암(龍岩)이 있다〉

남천(南川)〈석현(石峴)에서 나와서 동쪽으로 흘러 현의 남쪽 1리를 경유하여 동대천(東大川)으로 들어간다〉

장포천(長浦川)〈읍치로부터 남쪽 20리에 있다. 두모산(豆毛山)에서 나와 동쪽으로 흘러 동대천(東大川)으로 들어간다〉

용연(龍淵)〈관문산(觀門山)의 동쪽에 있다〉

『창고』(倉庫)

읍창·서창〈읍치로부터 서쪽 40리에 있다. 생선현(生鮮峴) 아래에 있다〉

『진도(津渡)』

동진(東津)〈읍치로부터 동쪽 2리에 있다. 삭령으로 통한다〉

『토산』(土産)

지치[자초(紫草)]·송이버섯[송심(松蕈)]·옻[칠(漆)]·벌꿀[봉밀(蜂蜜)]·신감채(辛甘荣)

『장시』(場市)

읍내장과 비천장(飛川場)은 4일·9일이다.

『전고』(典故)

조선 인조 14년(1636)에 청나라 병사가 갑자기 이르러 황해감사 이배원(李培元)과 병사 이석달(李碩達)이 군사 5,000명과 어영청(御營廳)의 포수(砲手) 수천 명을 이끌고 왕을 근위하여 토산현(兎山縣)에 도착하였다. 그러나 청나라 병사 6,000명이 순식간에 닥쳐오니 해서(海西)의 군대가 모두 패하였다. 검도원수(血+刃)都元帥 김자점(金自點)이 단기(單騎)로 도망쳐 가까스로 면하였다. 여러 읍(邑)의 수령(守令)이 많이 잡히고 아군(我軍)으로 살아난 사람은 겨우 수천 명이었다. 문화현령(文化縣令) 홍직(洪稙)과 강령현령(康翎縣令) 정린(鄭繗)도 모두 죽었다.

13. 장련현(長連縣)

『연혁』(沿革)

고려에서 장명진(長命鎭)을 설치하여 황주(黃州)의 관할에 두었다. 원종 10년(1269)에 원나라에 함락되고 충렬왕 4년(1278)에 되돌려서 서북면(西北面)에 예속되었다. 공양왕 2년(1390)에 안악군(安岳郡)의 연풍장(連豐莊)을 아울러 감무(監務)를 두었다. 우왕 14년(1388)에 황해도로 소속시켰다. 조선 태조 5년(1396)에 장명진을 없애고 이에 연풍에 속하게 되었다. 태종 14년(1414)에 장련현감(長連縣監)으로 고치고 장명진으로서 치소〈연풍현의 옛 터의 치소에서 서쪽 15리에 있다〉로 하게 하였다.

「관원」(官員)

현감〈황주진관병마절제도위(黃州鎭管兵馬節制都尉)를 겸한다〉 1원이 있다.

『방면』(方面)

현내방(縣內坊)〈읍치로부터 서쪽 20리에 있다〉

동면방(東面坊)〈읍치로부터 5리에서 시작하여 20리에서 끝난다〉

일도방(一道坊)〈읍치로부터 서남쪽 5리에서 시작하여 20리에서 끝난다〉

이도방(二道坊)〈읍치로부터 북쪽 10리에서 시작하여 20리에서 끝난다〉

도리방(道里坊)〈읍치로부터 서북쪽 15리에서 시작하여 30리에서 끝난다〉

『산수』(山水)

봉황산(鳳凰山)〈읍치로부터 북쪽 5리에 있다〉

구월산(九月山)〈읍치로부터 남쪽 20리에 있다. 산의 서쪽 가지에 사왕봉(四王峯)이 항이 있는데 둥글어서 4,5인은 앉을 수 있다. ○묘적사(妙寂寺)가 있다〉

소금산(小金山)〈읍치로부터 서쪽 20리에 있다〉

「영로」(嶺路)

구초현(扣草峴)〈읍치로부터 서남쪽 20리에 있다. 은율(殷栗)로 가는 길이다〉

○작은 바다〈읍치로부터 북쪽 20리에 있다〉

대곶(碓串)〈읍치로부터 서쪽 20리에 있다〉

풍곶(楓串)〈옛날 연풍(連豐)의 북쪽이다〉

삼파수(三波水)〈구월산(九月山)의 허리에 있다. 세 곳의 물이 각기 다른 골짜기에서 나오는데 부연(釜淵) 마연(馬淵) 요연(腰淵)이라 한다. 합하여 북쪽으로 흘러 바다로 들어간다.

질법포(叱法浦)〈읍치로부터 서쪽 15리에 있다〉

석담(石潭)〈구월산의 허리에 있다. 4모서리가 정사각이며 넓이가 6자이다. 물이 깊어 헤아리기 어렵다. 가물 때는 다리고 건너고 물이 불으면 배로 건넌다.

【제언이 1곳 있다】

「도서」(島嶼)

당도(堂島)〈읍치로부터 북쪽 10리에 있다〉

가도(椵島)〈읍치로부터 서북쪽 35리에 있다〉

찬도(纂島)〈읍치로부터 서북쪽 40리에 있다〉

『진보』(鎭堡)

「혁폐」(革廢)

대진관(大津關)〈읍치로부터 북쪽 15리에 있다. 중종 18년(1523)에 설치한 후에 본도 사람으로써 권관(權管)과 수군(水軍)을 주어서 보냈다. 이는 상선이 중국과 밀무역하는 것을 막으려는 것이다〉

대곶요망(碓串瞭望)〈장수와 병졸이 있다〉

『봉수』(烽燧)

금복지(今卜只)〈읍치로부터 북쪽 10리에 있다〉

『창고』(倉庫)

읍창(邑倉)·선소창(船所倉)〈읍치로부터 서쪽 30리에 해변에 있다〉

『역참』(驛站)

박산역(朴山驛)〈동쪽으로 가는 길이다〉

『진도(津渡)』(津渡)

대진(大津)〈읍치로부터 북쪽 17리에 있다. 수십 리가 광활하고 조수(潮水)가 매우 빠르며 삼화(三和)로 통한다〉

『토산』(土産)

철(鐵) 소금[염(鹽)]·미역[곽(藿)]·잣[해송자(海松子)]·오미자(五味子)·지치[자초(紫草)]·전복[복(鰒)]·조개[합(蛤)]·어물 10종이 있다.

『장시』(場市)

읍내장은 1일·6일이다.

『단유』(壇壝)

아사진(阿斯津)·송곶단(松串壇)〈고려에서는 대천(大川)에서 소사(小祀)를 지냈다. 조선에서도 이를 따랐다〉

『누정』(樓亭)

망일루(望日樓)가 있다.

『사원』(祠院)

봉양서원(鳳陽書院)〈숙종 을해년(1685)에 지었고 병자년(1696)에 사액되었다〉에서 박세채(朴世采)〈문묘(文廟)에 보인다〉를 제향한다.

부록

1. 강역(彊域)

구 분	동(리)	동남(리)	남(리)	서남(리)	서(리)	서북(리)	북(리)	동북(리)
해주(海州)	평산 70	연안 80	바다 15	강령 50	옹진 70 바다150	장연, 송화 90	신천 재령 45	재령 평산 70
연안(延安)	배천 30		바다 20	바다 40	바다 25	평산 25	40	배천 20
풍천(豊川)	은율 25 송화	송화 20	장연 30		바다 15		바다 40	
배천(白川)	개성 20 隔江		바다 40		연안 20	평산 40	김천 25	
김천(金川)	개성 토산 60	개성 30	40	배천 45	평산 40	5리 격강	35	토산 70
장연(長淵)	송화 30	해주 55	바다 60	바다 70	바다 40		풍천 20	
송화(松禾)	문화 30	신천 70	해주 장연 50		장연 20	풍천 10	은율 15	문화 20
은율(殷栗)	문화 20	20	문화 송화 20		풍천 20	바다 25	20	장련 10
강령(康翎)	바다 30	40	50	10	옹진 10	해주 20	30	30
옹진(甕津)	강령 20	바다 15	5	40	60	해주 40	25	20
황주(黃州)	서흥 55	50	봉산 25	안악 40 격포	용강 30 격강	중화 40	40	40
평산(平山)	김천 15	25,격강	40	바다 150	해주 100	서흥 봉산 60	서흥 50	신계 50 60
서흥(瑞興)	신계 40		평산 30		봉산 35		황주 상원 80	수안 60
곡산(谷山)	이천 55		신계 45	60	수안 20	수안 성천 90	성천 80	양덕 110 안변 90
봉산(鳳山)	서흥 40	35	평산 재령 70	재령 40 격포	안악 40 격포	황주 30	15	15
안악(安岳)	봉산 30 隔浦	재령 20, 격포	신천 15	문화 20	은율 25	장련 30	용강 60 격소해	황주 50 隔大浦
재령(載寧)	봉산 20	60, 평산 80	해주 70		신천 15	안악 20 격포		봉산 15 격포

구 분	동(리)	동남(리)	남(리)	서남(리)	서(리)	서북(리)	북(리)	동북(리)
수안(遂安)	곡산 45		신계 30	신계 서흥 60	서흥 35	상원 50	삼등 90	곡산 50
신천(信川)	재령 20	35	해주 45	송화 30	문화		안악 30	
신계(信溪)	이천 45		토산 김천 35	평산 20	서흥 40	수안 20	45	곡산 40
문화(文化)	신천 20		송화 25		45	은율 35	장련 40	안악 20
토산(兎山)	삭령 15		24 장단 35	개성 25	김천 30	김천 신계 65	이천 50	안협 20
장련(長連)	안악 15	20	문화 25		은율 25		삼화 15 隔小海	

2. 전민(田民)

구 분	전	답	민호	인구	군보
해주(海州)	19,403결	4,653결	11583	64212	10968
연안(延安)	1,953	6163	4985	15585	7522
풍천(豊川)	1,352	282	3753	18571	9141
배천(白川)	1480	2715	5032	11479	3784
금천(金川)	3525	333	2891	11180	2879
장연(長淵)	3046	516	5897	29128	5977
송화(松禾)	2693	680	3342	14682	3100
은율(殷栗)	2209	219	3683	16978	2839
강령(康翎)	3083	374	2451	8062	1779
옹진(甕津)	3074	443	3045	10399	1280
황주(黃州)	11341	1199	7170	27548	12242
평산(平山)	7563	1482	7825	30654	9885
서흥(瑞興)	5228	76	6239	21715	6342

구 분	전	답	민호	인구	군보
곡산(谷山)	3085	32	3373	29911	7995
봉산(鳳山)	5568	878	8875	36160	13409
안악(安岳)	5936	2538	12988	53546	12907
재령(載寧)	4725	1756	7151	26795	7346
수안(遂安)	4480	27	3556	25695	6432
신천(信川)	4218	1993	5011	17921	5909
신계(信溪)	4721	10	3234	8582	3529
문화(文化)	2944	1117	6680	25737	3986
토산(兔山)	1695	41	1228	9520	1372
장련(長連)	1151	247	3282	14518	2508
백령(白翎)	42	18	520	2490	598
초도(椒島)			230	1180	296
총수(悤秀)	104544결	27781결	124100	533100	166990

3. 역참(驛站)

금교도(金郊道) 금암(金岩) 보산(寶山) 안성(安城)〈평산(平山)〉홍의(興義)〈금천(金川)〉용천(龍泉)〈서흥(瑞興)〉검수(劒水) 동선(洞仙)〈봉산(鳳山)〉경천(敬天)〈황주(黃州)〉

○기린도(麒麟道)〈평산(平山)〉위라(位羅)〈수안(遂安)〉소평(所坪)〈신계(新溪)〉소곶(所串)〈곡산(谷山)〉원산(元山)〈신천(信川)〉연양(延陽)〈문화(文化)〉박산(朴山)〈장련(長連)〉진목(眞木)〈안악(安岳)〉문라(文羅)〈은율(殷栗)〉안산(安山)〈풍천(豐川)〉신흥(新興)〈서흥(瑞興)〉다만(茶滿)〈재령(載寧)〉

○청단도(青丹道) 망정(望汀)〈해주(海州)〉심동(深洞)〈연안(延安)〉문라(文羅)〈옹진(甕津)〉신행(新行) 금동(金洞)〈장연(長淵)〉금곡(金谷)〈배천(白川)〉유안(維安)〈송화(松禾)〉

모두 29역(驛)이다. 역리(驛吏)와 역졸(驛卒)은 5,316명이고 3등말[삼등마(三等馬)]이 225필 있다.

4. 봉수(烽燧)

고성산(古城山)〈금천(金川) 남쪽 평지이다. 개성(開城) 송악(松嶽) 국사당(國師堂) ○육로이다〉

남산(南山) 봉자산(鳳子山) 독발산(禿鉢山)〈평산(平山)〉 회산(回山) 소마산(所亇山)〈서흥(瑞興)〉 건지산(巾之山)〈봉산(鳳山)〉 고매치(古每峙) 천주산(天柱山)〈황주(黃州) 북쪽 평지, 중화(中和) 운봉산(雲峯山)〈위의 9개 처는 병영(兵營)에서 관할한다〉

미라산(彌羅山)〈동쪽 평지이며 개성 송악 성황당(城隍堂)이다. ○수로(水路)이다〉

봉재산(鳳在山)〈백주(白州)〉 각산(角山) 백석산(白石山) 간월산(看月山) 정산(定山) 주지곶(注之串)〈연안(延安)〉 성곶(聲串)〈평산(平山)〉 피곶(皮串) 용매도(龍媒島) 수압도(水鴨島) 연평도(延平島)〈해주(海州)〉 구월리(九月里) 밀치(密峙)〈강령(康翎)〉 탄항(炭項) 검물여(檢勿餘) 대점(大岾) 개룡산(開龍山)〈옹진(甕津)〉 대곶(大串) 청석산(靑石山) 미라산(彌羅山) 송독(松纛) 원올(兀串)〈장연(長淵)〉 고리곶(古里串) 소산(所山)〈풍주(豐川)〉 건지산(乾止山)〈은율(殷栗)〉 금복지(今卜只)〈장련(長連) 북쪽 평지, 삼화(三和) 우산(牛山)〉

〈위의 27개처는 수영(水營)에서 관할한다〉

「권설」(權設)

감적산(甘積山)〈서쪽 평지는 금복지(今卜只)이다. 위에 보인다〉

이현(梨峴) 소산(所山) 월호산(月呼山)〈안악(安岳)〉 비파곶(琵琶串)〈황주(黃州)〉〈위의 곳은 병영(兵營)에만 보고한다〉

「권설」

견라산(堅羅山)〈남쪽은 평지이고 구월리(九月里)이다. 위에 보인다〉

식대산(食大山)〈강령(康翎)〉 사곶(沙串) 화산(花山) 남산(南山)〈해주(海州)〉 위의 곳은 감영(監營)에만 보고한다〉

모두 46처이다.〈원봉(元烽)은 36처이고 권설(權設: 임시로 설치한 곳/역자주)이 10처이다〉

5. 총수(總數)

방면(坊面) 312

민호(民戶) 124,100

인구(人口) 533,100

전(田) 104,544결(結)

답(畓) 27,781결

군보(軍保) 166,990

장시(場市) 81

기발(騎撥) 13 진도(津渡) 18

목장(牧場) 5〈폐장 8〉

제언(堤堰) 46

동보(垌洑) 74

송봉산(松封山) 2

단유(壇壝) 4〈풍천(豊川) 해주(海州) 장연(長淵) 장련(長連)〉

사액묘(賜額廟) 2 사액서원(賜額書院) 18사(祠) 4

창고(倉庫) 123〈영(營) 진(鎭) 읍(邑) 역(驛)〉

추포방소(追捕防所) 14

요망(瞭望) 76곳이다.

구 분	동(리)	동남(리)	남(리)	서남(리)	서(리)	서북(리)	북(리)	동북(리)
해주(海州)	평산 70	연안 80	바다 15	강령 50	옹진 70 바다150	장연, 송화 90	신천 재령 45	재령 평산 70
연안(延安)	배천 30		바다 20	바다 40	바다 25	평산 25	40	배천 20
풍천(豊川)	은율 25 송화	송화 20	장연 30		바다 15		바다 40	
배천(白川)	개성 20 隔江		바다 40		연안 20	평산 40	김천 25	

구 분	동(리)	동남(리)	남(리)	서남(리)	서(리)	서북(리)	북(리)	동북(리)
김천(金川)	개성 토산 60	개성 30	40	배천 45	평산 40	5리 격강	35	토산 70
장연(長淵)	송화 30	해주 55	바다 60	바다 70	바다 40		풍천 20	
송화(松禾)	문화 30	신천 70	해주 장연 50		장연 20	풍천 10	은율 15	문화 20
은율(殷栗)	문화 20	20	문화 송화 20		풍천 20	바다 25	20	장련 10
강령(康翎)	바다 30	40	50	10	옹진 10	해주 20	30	30
옹진(甕津)	강령 20	바다 15	5	40	60	해주 40	25	20
황주(黃州)	서흥 55	50	봉산 25	안악 40 격포	용강 30 격강	중화 40	40	40
평산(平山)	김천 15	25,격강	40	바다 150	해주 100	서흥 봉산 60	서흥 50	신계 50 60
서흥(瑞興)	신계 40		평산 30		봉산 35		황주 상원 80	수안 60
곡산(谷山)	이천 55		신계 45	60	수안 20	수안 성천 90	성천 80	양덕 110 안변 90
봉산(鳳山)	서흥 40	35	평산 재령 70	재령 40 격포	안악 40 격포	황주 30	15	15
안악(安岳)	봉산 30 隔浦	재령 20, 격포	신천 15	문화 20	은율 25	장련 30	용강 60 격소해	황주 50 隔大浦
재령(載寧)	봉산 20	60, 평산 80	해주 70		신천 15	안악 20 격포		봉산 15 격포
수안(遂安)	곡산 45		신계 30	신계 서흥 60	서흥 35	상원 50	삼등 90	곡산 50
신천(信川)	재령 20	35	해주 45	송화 30	문화		안악 30	
신계(信溪)	이천 45		토산 김천 35	평산 20	서흥 40	수안 20	45	곡산 40
문화(文化)	신천 20		송화 25		45	은율 35	장련 40	안악 20
토산(兎山)	삭령 15		24 장단 35	개성 25	김천 30	김천 신계 65	이천 50	안협 20

구 분	동(리)	동남(리)	남(리)	서남(리)	서(리)	서북(리)	북(리)	동북(리)
장련(長連)	안악 15	20	문화 25		은율 25		삼화 15 隔小海	

황해도
영인본

大東地志卷十七

黃海道　境海西

古山子　編

黃海道　境海西　十五邑

本馬韓之域　後爲新恩　十五邑　本馬韓之域　後爲新恩　阨塞所管　百濟阿莘
王時本道及臨津以北爲高句麗所取新羅文武王八
年唐滅高句麗以本道爲安東都護府所領劉仁軌道
使于新羅罷告大谷山漢城等二郡十二縣歸服王道
使補賀壻聖德王三十四年虔宗開元唐勃賜浿江以
南之地于新羅景德王十四年始置大谷城等十四郡縣
山郡二郡十二縣平山府山城載事黃州瑞興延安
鳳山遂安改祥瑞新恩谷和祇峴十六年江陰

本道郡縣名隸漢州都督府李恭王時爲恭封所夷景
明王時因歸高麗成宗十四年以黃海等州縣隸關內
道顯宗時分爲西海道元宗十年黃州等郡縣東連安
嶽和長命土以慈悲嶺爲界忠烈王四
年元還歸爲麗復以黃州安岳鐵和長命招隸西北面
辛禑十四年還隸本道恭讓王三年以平山谷山遂安
爭瑞興新恩俊復隸京畿右道　本朝太宗三年還
隸本道四年改黃海道　太宗十二年自京畿後隸延
安白川江陰牛峯于本道十七年改黃海道兔海主八
年改黃延道　仁祖元年復爲凡二十三邑

〔上段 右面〕

巡營　海州收
矢營　黃州收
水營　覓津府
討捕營　後營豊川
海州鎮管
　延安○置　前營風山　右營各山　中營安岳
甕津鎮管
　龍媒吳堂山　長連　安岳　瓮津江陰○甕津今　松禾殷栗廉鋼
椒島鎮管
　白翎鎮管　島○椒島今　福鎮金川
黃州鎮管
　平山瑞興各山　鳳山長連十　牛峰○載寧遂安信川
　平山瑞興文化各山位羅所已○牛峰今全川
　新溪文化危山牛峰○椒島今鐵瓮助尾浦椒

二

〔上段 左面〕

海州

〔沿革〕本高句麗內米忽一云池城新羅景德王十六年
改瀑池郡領四縣長淵鵷淵海鹽
後陞邑于龍首山之南改爲海州之
後後邑于龍首山之南改爲海州之
○藁址在首陽山之下鵷州後以南臨
城瀑池者以此故也
○本十四年置石神策軍節度使一
置牧之十二
左補右補隸關內道題宗三年陞大都護府
隸西海道睿宗十七年陞大都護府白州縣安西
海州牧志宣王二年陞知州事
牧二十二年降爲知郡事　隸史陞之寇不改者遊郡使後復陞

〔下段 右面〕

荻至坊

爲收　本朝太宗十七年割平山府西境以屬之
世祖朝置鎭管　光海主八年降縣以邑有
年復陞　仁祖元年以未京觀成丙子
三十二年復置熟判官　安嶽觀察使罷置○本宗
各一員　海州城子城將

〔坊面〕內東邊
　大公　初十終十八東
　薪　初四終四
　蓮文　初七終四十日
　泉瀁　初十終五
　秋伊洞　初十右之西
　昆連洞　初二終九十日南
　州昆佐洞　初九終十之東
　西大公　初十終十三東
代陳　初十終七十三
各谷

三

荻軍坊

壯朴　初十終三十
林　初水終八陸上平
統初終四十二百
高山　初八終二十三
　須彌　初一終四十五
　四北石　初四
軍棘各終大十
羅洞　初四十二
席間　初一終二

〔下段 左面〕

〔山水〕龍首山北二南山
　南山府南二里有高麗文宗七年置安
　龍首山勝爲孤竹郡西基坊有淸節祠有本邑山古形
　後人
又址直後人以平府古邑竹郡圍基址有淸節祠有古邑山石
等號而率令之統海州牛耳山車北立滑方
牧二十二年降爲知郡事　佛足山北三十

須彌山 在府北二十里古壘山中有北嵩山十里西北三十里...

長峯山 文山 麋鹿山 達摩山...

鶴峴 彌勒峴 金山 長峯山 牛峴 栗峴...

通蛇峴 鶴峴 白雲山 青苔山 螺山...

（本文為漢文豎排地理志，字跡細密難辨）

寧浦 平島 龍媒島 鴨島...

形勝

城池

營衛 中軍 捕黑使令 譯學訓導 審藥...

鎭堡 龍媒鎭 水鴨島...

烽燧 龍媒島 延平島...

南山 花山 汝申 延右 乃報

(倉庫)庫十二 城在内結城倉遠浦 西別倉山事以北錦邑田

唐運今廣 南倉浦遠蔦浦海倉遠青丹

驛倉龍蝶鎮倉山城倉粘石屯倉 西須彌倉古廣照倉

上平倉下平倉東江倉蕪文倉 海南倉栗枝倉

(驛站)青丹道七名 一負在巡營屬驛堂汀驛 南二

金剛驛 楊溪驛十 嘉栗驛 南山驛

(牧場)龍蝶島場馬場收十里 延平島場

(橋梁)茂賜川橋 鵲川橋石潭川橋竹川橋

(土産)魚鹽二十餘種鹽鐵紫草墨磠石靑藿靑角

(宮室)芙蓉堂在首陽館西蓮池上 宣祖乙巳畫堂時 宣祖受乙巳畫堂時

(樓亭)拱北樓在城北門 翠野亭 十西里三 柏林亭

(廟壇)清聖廟 牛耳山壇 戰掃川池城山壇

(祠院)文憲書院 中之子 繼崔惟善 ○紹賢書院

頗賜 朱子 趙光祖 李滉 李珥 成渾 金長生

宋時烈 文廟

(典故)高麗成宗顯宗文宗倶幸海州 高宗四年安西

都護府與丹兵戰新斬首百餘級 四十大軍蒙兵自西

京關入安岳青松豊州海州驅掠人物而去 忠烈王

元年元遣奪子軍一千四百人來分處海鹽白三州

二十七年王如元次銀川州遂幸海州西還京 忠烈

王三元年王畋于海州 忠宣王後四年王

畋于海州 恭愍王十後五年幸海州

崔永濡戰于紅巾之亂 二十年倭入海州火官廨

虜收使妻及女以歸 二十二年倭寇海州殺收使嚴

蓮瑞 辦三年倭寇海州 戊太祖與諸元帥擊之逢

安烈林堅味等奪漬代 太祖戰于州之東亭子寰宮海

總兵大破之餘賊阻滄自固又擊之戰職 四年倭寇

海州 十一年倭寇皮串 十四年禍將獵于海州白

汝汀在康翼欲改逼之意巳宵夂崔瑩從之事成

爲玄寶密守京城 恭護三元年倭船二十艘來泊海

州遣柳蔓珠我 宣祖二十五年康翎縣監柳薖領義兵與

武于海州 宣祖二十三年講

倭戰于海州白峴野死之 二十六年七月 上又自

黃州迪次海州　內殿世子自江西來會臨海順和而

王子自日本而至

　延安

（沿革）本高句麗冬音忽　後改致海皋郡駒領縣輿溟州高麗太祖二

十六年改海皋郡駒領縣輿溟州高麗太祖二十三年改

監州來史戍宗十四年置防禦使顯宗三年廢之屬

海州都護府後置監務高宗四年陞永膺縣令以聲走縣

人以其功陞知復州事佑有器衛社狃元

宗十年改碩州又以李份謀誅忠烈王三十四年陞溫州

牧忠宣王二年降延安府牧水諸

　　本朝太宗十三年

（官）都護府使　兼海州鎭管後營兵馬同僉節制使

（坊面）東部　西部　南部　北部

（山水）鳳勢山　在府北初十里之鎭石串終東三十里池

村初終西十二　赤村同食尺終南初十二

峴初終西十二　今食同大山初十二　蓮村終西初十五

五里東太子山東北二十里白川驛二十里

五凡庭北初十五　薪城終南初十二　拓青

飛鳳山東北二里白川驛二十里　龍縛山

榆頭終西初十五　亭村北初十五　荷串終東初十二

九

（城池）邑城　一城二門四井　本府時修第十年申申城

（烽燧）角山　在府東南三里南海府相應

毛老草　產右大池邊

（島嶼）班尼島定山島亐里島薔薇島

蜜島加里島　中江華　末舍朴嶼

鳳勢山　古城　在府南十五里

臥龍池　在府南十里

（倉庫）邑倉　榆頭倉西南四十里

（驛站）深洞驛　北十五里

（橋梁）葦橋之項橋西十里　馬陳橋西四十里楓川橋十五

八里金波龍津二橋通海西路

那津浦橋里南十五

（土産）魚物十五種鹽蓮實蒜

（祠院）飛鳳書院　宗祖乙卯建賜額金

宏弼李珥成渾朴世采俱見文朱子見

中宗甲子建廟宣廟丁酉重修崔冲見海金金

平山直祖士兵使被禍金大得膽兵書人恭判姜善朱德鬧

山二里三十　注之串西二十

人壬辰義兵將官發應麒兵輪儒蔚珍人與靈武科義

貪使揚報郡寺官安拼官郡守贈兵曹參議

趙先庭字應賢漢陽人

（典故）高麗顯宗二十年幸鹽州　宣宗五年遣使熙于

甄城南七里卧龍池之南古仁宗七年又遣使熙之

高宗四年副元帥趙冲等權兵鹽州丹兵遁去　四十

四年蒙古元帥阿母偕領兵來屯鹽州　四十五年蒙

古候騎到鹽白三州　蒙古軍羅大收矢退屯鹽州

恭愍王十年蒙古軍中郎將金長壽倡寧州人投紅巾

賊游騎百四十人　禑十四年倭寇延安府　立年倭侵

延安府遣金使羅世以戰船五十二艘從擊之十一

年禑至延安府大兩處延暴露牛馬道死〇本朝　宣

祖二十五年初臨津之敗績也黃海州縣並為賊窟招

討使李廷鑌收聚散卒據寺延安倅將志發海

州平山諸屯傳五六萬大舉而來盡花追攻麦圍者幾

四〇援兵不進勢漸孤賊附而登城中撤門靠據

壘以上則擲炬以焚之賊起飛捿于南山穴技壁俯視

城我軍以矩燒錢四十餘人賊又囊空棺而上我以

放丸城中值草湯伺賊來在霧潛上西

石投樽無不倒小尼大戰五日賊未九盡技窮惟馳嘆

而己我軍乘勝歡呼金鼓震地賊乃聚積屍焚之而遁

城中追擊斬復甚多

豐川

沿革　本高勾麗仇乙縣屈　一云　新羅景王十六年改屈

峴為揚岳鄒鎮縣高麗太祖二十三年改豐州戌宗十

四年陸都護府顯宗九年併鄒郡置防禦使屬儒州殷岳栗屬

青松嘉嘉隸西海道　本朝太祖六年置鎮以兵馬使

未來事　太宗十三年以殷栗來合稱豐栗郡未幾

魚知州事

析之世宗五年改置魚制使唐宗元年以中

宮忘韓氏外鄉隍都護府（邑）西河東竹定戌海〇都護

府使兼海州鎮管兵馬同僉一員

（坊面）邑內終初十於遊山於三十

二十上里終二十里東初道二十五仁嵐北初四十真莠

西北初二十終二十里龍門初二十五

山西十三南一摄石山南

山景二十里長墨山松未殻栗山北二十里虞石

十北四十小白山西　頭白山北一十三舍人峴東二十

二十里一清寺東北二里長嶺西南初二十里大樂

（山水）瑞麟峯

（嶺）大嶺北二十五渡石里　新嶺西南三十里金人峴東

路所喜項駿棗京路里唐峴析此一路〇海西三十里叢清江

〔宮室〕天使館 于此天使駐節　皇華門 水路朝天時置機之
江口椒島過萬頃南傍海澳圓池以晚後
西北椒島得新羅萬海中化等下椒島壇本邑累

〔壇壝〕西海神壇 本朝以載中化等下椒島壇本邑累

〔典故〕高麗恭愍王九年紅巾賊連浦
又泊德島如椒島等慶尚名岳遺去
州斬三十餘級賊毎遺天王等十餘人死之五年倭
朴普老追擊之副使趙天王等十餘人死之五年倭
焚掠豊州發如州事柳濯梅慶使金侃火官辭民舍廬
六十餘船而去　十四年倭入椒島羣海庭燈火廬舍
是時城草處人情尤懼故遠也

十二

一里南川出大藥山西北經府通川山東南二里出題
南二里入業清江
池村浦北亦四十里關例乃南傍乳浦北四十里業清江頭
女妓浦北本二十里關例西使古薔連浦北四十里乳浦
金畿一隻即許汝浦頭
里土唐籠浦下距四里古里浦西二里同沉方浦二西
十里中京二年陸連浦西四里同沉中成二十里同三
又有多連池象熊島青梁島漁勝黃蝶島
内有壇池兔浦所在島中元史地志云本化抱搜島今
〔城池〕城古行城所在島中元史地志云本化抱搜島今
〔營衛〕左營豊川祖朝置○左營將長連浦本府居
〔城堡〕椒島鎮所在島距府四十里同金屬邑當制使江
使金一隻即許汝浦頭
朽斤浦西二里古里浦西四里同沉方浦二西
乳浦北四十里業清江頭
女妓浦北本二十里關例西使古薔連浦北四十里

〔壇遺〕席島頭元文地志云席島為北界島十文竹領
岸有水貴林軍鎮北四十里高高琵琶年堡北四十里同
發以許汝萬戶守漢捕後廢○遮捕島後廢唐籠浦右二處
席島供捕武士國者有望堂十二處
降遼古里串西一里古坐所山鎮批汝浦
〔倉庫〕邑倉任倉復邑海倉遮
〔驛站〕安山驛西四里
〔牧場〕椒島場馬魚敷健　席島場馬敷
　　　土山鎮場民宖朝自黃州移于此新汝浦
〔土産〕礪硯石漆石葦松葦常草倭猪鹿草蜂蜜縣蕾薔
角黃甬細毛監鰒海參螺蛤蕁魚物十餘種

白川

〔沿革〕本高句麗刀臘後改雉岳新羅景德王十六年改
駒澤為海皐郡領縣岳景德王十五年頭高麗太
祖二十三年改白州頭宗九年屬安西都護府高宗十
二年陞知開興府事于州之龜山縣後復捕白州高宗四
十六年陞知忠翊縣令以衛社功初以龜元宗十年陞知興
邦事又以衛社切十三年以平州來倍忠烈王時祈之
恭愍王十八年復捕白川郡本京畿右道遷
本朝太宗十三年改白川郡屬本道鎮中京二十
一年降縣令以減三十年復陞銀川襄所定置館郡子

〇〇〇〇〇〇〇〇〇〇〇〇〇〇〇〇〇〇〇〇〇

〔坊面〕柳川終南初二十 小鶴浦 蘆川 角山在左

〔山水〕旋岳山北初二十 黃衣山西初十里 兔山南初十二

〔城池〕邑城只有道岳古城 江西寺城

〔倉庫〕邑倉 金谷倉

〔驛站〕金谷驛右道南通通三十里

〔津渡〕碧瀾渡

津通開城 角山津 大橋

〔橋梁〕舟橋 樓橋

〔祠院〕文會書院

〔王産〕柳魚秀魚 紫蟹蟹螯蒜梨

〔典故〕高麗太祖十五年甄萱以舟師入侵禮成江焚塩

白貞三州舡一百艘取猪山島嶺角牧馬三百匹而歸

顯宗二十年王次白州海州將率
內覽改于西海道又幸白州般
若寺後七年辛白州燈巖寺燈在大
年僊寇白州金谷驛

　　金川

〔沿革〕本百濟首知衣縣後改牛岑一云
麗所取新羅景德王十六年改牛峯郡
漢州頤宗九年屬平州文宗二十三年
元年置監務本朝太祖四年陞縣令
本孝宗二年以江陰縣來併陞金川郡

忠肅王十五年王幸
十六年辛白州般
恭愍王二十一
_{金川}

領江陰縣來隷宗
鎮江陰長湍
達邑于吾早川
十六

之南　甫宗四年移治于猪灘之南　芙宗二十九年
復投吾早川之南路沿金川此後又移猪灘之南牛
古治在東北十五里　〔舊邑〕三州岑城時古基〔舊官〕郡守
北十五里　　　　　　　爲同僉使兼海口頭管別使兵
一負

〔古邑〕江陰西二十五里本高句麗屈於押後改
江陰縣或云江界景德王屬開城府仁宗二十一
麗高宗四十六年改牛峯屬平州文宗二十三年屬
自京務錄京都本道孝宗二十一年號花山别號
十好賢　　蝦灘味貴耳洞東三白蘗　　　　　

〔坊面〕郡内　縣内十里　　　　　　　　　
北十西三　江東　　南　吾早川　西十二里江陰
　　　　　　　　三峰　南十　桃花谷　北六九水山東五江
北十三里　　南二　山外　西五里西北江陰右
　　　　　　　　　　　　　十　　　　　　　

地口大南面山南面
　　江陰南三十里南面
　　牛峯東四十五里南面
縣
古縣面北三十五

〔山水〕首龍山縣東三十
苞山東北三十里古城東十大
山多新城西北十二金川南箕山東十大
北陽山十北三里鶴峯
東慶福山東十里雄德山北大
一嶺山北十里　廣福山南五
西路　　龍頭山十西南五

薇薈寶嶺明東路門嶺
靑石峴北中川陵洞川
　　金資文嶺〇猪灘荷堂慶音岾
晚福嶺嘿藏觀音岾
北縣白峙鴨岾北興
　　　金資文嶺牛峯
當防厄元中川
相隨助之地　　　

武陵洞在龍山西面
猪北洞在江西面
復鼠洞達江西面

〔古縣面北三十五〕

埋堰三

〔倉庫〕邑倉　助邑浦倉逐安岳
　　　　　　　　　　興平山鳳山各山牛峯
〔烽燧〕古城山城在內古
〔城池〕廢城彌谷堡高各
中宗五年建　防戍逐安賊屯
十二尺有卯遺址古
尺　古城　　
城堡廢城彌谷堡高各
設置防戍健實
〔鎮堡〕廢城彌谷堡高各
設邑浦城中宗五年
尚有卯石遺址在江陰東南
鳳凰山之東南助魚浦
邑浦入于江陰　　　　
北自元中川入吾早川　

新羅孝照王三年築牛岑城
周三千
四百
大

江陰十二邑田我潛至慶師以右水運例
官納을鼎宅變已莘羅忠連本郡挽穀
山城倉山在城大興　　　　　牛莘倉山在峰古

魚縄魚山糯水獺

(王産)紫草松蕈石蕈鐵碑石青礪石石灰蜂蜜秀魚蕁

(津渡)猪灘津西北立平山馬灘津西南十里通助
邑南同通南邑浦同通一里通數事衙事衙南衙里衙

(牧場)江陰場本朝廢置

(驛站)興義驛西南十二里古云臨浿高句麗改興義一(屬)金郊道
里間城北三十里高句麗改興義驛舊慶本驛玉池驛屬古江陰
後邑徒於鶯谷之平山之境置金郊道驛屬金州金郊道玉池驛屬江陰
安倩驛　白鷹驛　玉峰驛(餅屋)餅屋歧站
　　　　　　　　　　　　官門站

大

(祠院)愍忠祠甫宗甲戌建李重老字頤之號松齋
賜額君謚左議中金州人官判書贈吏曹判書
政贈左贊成宜寧人官左議書判書右防戰亡
臣鷓海官李聖符字存中宣使以豐蓮贈吏曹
仁輔宇仁副衛之贈軍官兵副防戰亡
歧海宇之倩官判書伯坡贈兵曹判書
伊贈兵曹使官李師金州軍戰亡
川延後字秀衙官右贈兵曹判書
宜州宮水使人丁延仁贈吏曹判書
忠書捲浩原贈官兵曹判書宵方倩
以上州官右防官衙使軍官
(典故)新羅文武王十三年唐兵攻高句麗牛岑城降之
元聖三年大舍武烏獻兵法十五卷花鈴圖二卷
授以屈押縣令〇高麗顯宗十年筵邰贊敗契丹矢凱
還王親迎于迎波驛改為興義驛　甫宗七年王自西

京還次臨浿驛　高宗三年金山兵至鹽白二州元帥
鄭叔瞻適平州退屯興義金郊兩驛間復退屯圓清寺
副元帥趙冲等擢矢蚤州賊兵追去　四年金山兵五
千至牛峰縣又寇牛峰縣　四十年八月技尉大金就
寧牛峰別抄三十餘人與蒙兵戰于金郊興義間新敗
級獲焉亏矢覆㪍等物　家兵陷西海道椋山城忠
烈王八年王獵于猪灘　十一年王獵于金郊　忠惠
王元年畋于江陰縣後三年畋于金郊　恭愍五十
年紅巾賊先鋒至興義驛　禑畋江陰　十年
禑畋于元中浦〇本朝太宗十年冬蕁武于黃海道
九

次于江陰縣電雷雨雹震焉二匹　上輟膳還至木村
天乃間霽遑　仁祖元年五月以張晚為都元帥開府
平壤李适為平安兵使薰副元帥開府寧邊屋年正月
李适連興龜城府使韓明璉擧兵叛率家敖以降㷀三
百人為前導間道向竹州逕西來由逐安至猪灘
時群青興君李重老兩西巡邊使京畿江原防禦使興
林常臣等守猪灘力戰俱北之

(沿革)本高句麗長淵以邑有龍淵開故名之新羅景德王十六年為
漯池郡領縣高麗因之顯宗九年屬荒津唐宗元年置

長淵

〔建置沿革〕

監務 本朝太祖元年置萬戶以兼監務 太宗二
年置鎭以兵馬使兼判縣事後併于永康縣尋析
之 世宗五年改為僉節制使後改監光海主癸亥
陞都護府 英宗四十年降縣置縣令 本朝太宗十九年復陞純
四年薰水軍營將主分撥長山以南四十
祖二十五年降縣(監)長潭(龍潭)縣監即都尉水軍營將純

〔坊面〕樂山 終東初三 長閑
終東三十

〔古邑〕海安 西四十五里高麗時置縣屬于青杞縣
其地有鐵鑛草屬本邑 本朝太宗十六年以
陸寇自牧監 東南初二十四 雪山

一負

〔山水〕杜鶴山 南初四十 薪谷 太西南初四十七 冬羅 終
西初四十 尊澤 東北初三十
大串 終南文初四十
十四里
拯樂山 南初二十里其 西二龍行至有犬有圖...
五盤山 東南府有支...
彌羅山 宇北...
磽石山 有界...
峰北四百...
時陵汀東...

薪串 通上龍井 西二
倭城峴 在邑城
黃鶴臺 在...
葛峴 南...
碣峴 通...
... 礁石峴 海...

懸崖山 東...
習川 南...
苦離...
龍井...

島嶼 南島 沙乃島長七十里大...
夢金島 近...
麟蕣島 東...
海浪島 南...

〔城池邑城〕周二千七百三十二尺 古邑城有道十里 杜鶴山古

城周三千八十二尺○古行城者武德石薔武士籠住○有遺址北

熊況里木柵古有之○

（鎮堡）吾叉浦鎮西海邊在西距二十里本朝世宗二十一年置金浦僉使一員龍浦助泥浦阿郎浦四浦屬之水軍僉節制使一員率水軍萬戶一員將士捕防○追捕防所瞭望二十四處

（烽燧）大串 青石山 彌羅山 松嶺西四里元串十六

（驛站）邑倉 管倉大東倉十東南五 南倉十里 社倉十西二

北倉十西二里 汪爵屯倉十里

（驛站）新行驛東五金洞驛永慶縣在地即

（土産）鐵鰻蛤螺鰒鱘外魚物十餘種藍鋒鹿茸青角黃角薑絲薑細毛海蔘紅蛤海防風波恪硯石箴中朱子 李珥文廟伏見

（祠院）龍宏書院景宗己丑建肅宗辛丑賜額朱子

（興故）高麗恭愍王七年倭四百餘艘寇吾叉浦屠殺

十年倭寇長淵

閑觀西海道上元帥王承寶與戰敗績

白翎島鎮

本鵠島新羅景德王十六年爲瀑池郡領縣高麗太祖改白翎顯宗九年置鎮將恭愍王六年以水路艱出陸僑富文化縣之氾山尋以地窄廢顯本朝世宗十年以本島合于永康縣元宗元年置鎮五顯水軍僉節制使

一處○寰寄生大青島鵠顯海蔘魚物同長淵○吾

小青島二里東南青東周二十里西有一處○

操戰船七艘○高麗太祖十五年甄萱海軍將尚哀等攻採大牛島轉使點絀時在鵠島調所遣本島及皂乙島驅青丁壯又修戰艦以禦寇 忠烈王二年元寇耽羅党祏也速于白翎島大牛元流皇經愛牙赤于大青島望年召還 忠宣王四年元流魏王阿木哥于馳羅六年移于大青島十六年召還 十一年元流明宗太子于大青島十七年元流皇經愛牙赤于大青島忠惠王元年召還

（沿革）本高句麗麻耕伊新羅景德十六年改青松古址東十

松木

帖睦有順帝卽元十年其所居

〔古邑〕嘉禾東大東立二本嘉禾爲海州刺舊唐太宗元年改重置監高麗顯宗九年新羅景德王五里有西黃禾以屬監高麗顯宗九年後併于永寧合于最東移十

二里爲楊岳郡領縣高麗顯宗九年屬豊州睿宗元年置監務 本朝太宗八年以嘉禾來併稱秭禾十三年改縣監〔館縣監〕

〔坊面〕上里終方竹終三十里 溫井終東初二十三 伊東南初三十終南初二十 司馬村南初十終南初二十 長楊東魚川南初初終南初六十二

仇耳洞十終北初十二

〔山水〕生王山北二希鳳山南十里三墨山一云修鯉山北四十里 大蕨山西北二十里界 圓通山五南里豐川 龍門山東四十里 礱岩山東四十里 雲溪山南東 鷄山東三十里 馬峯南里塔坪十南水西村

〔嶺〕德嶺北二葛項通東三十里 鳥嶺南東 長浩嶺東南三

仇耳嶺同上 水回川 南川仇耳同處三里文化府南十大路 遷道同西二十里墨南四長淵府境 遷南二十界 燒橋川東南四于南塔坪經永寧古龍縣爲鉏二山合水田川流南川流水出阿丁出于古摩縣南東

〔沿革〕本高句麗栗口一云冬音忽新羅景德王十六年爲楊岳郡領縣高麗太祖二十三年改殷栗顯宗九年屬豊川 本朝太祖二年置監務太宗十三年例改縣監顯宗四年革屬長連越十一年復舊

〔坊面〕縣內一員上里終北十五 南面初十終南二十五 西面初十終西二十五 北面初十終北二十五

〔山水〕乾止山南九王山十南二 舞女山南 鼓岩山西北初二峯 小海西里海

〔嶺〕峴東北十里連 長連路峴長連路十里高代峴北路南二又通岳東文化里○

〔城池〕新岾古城同一千四百一二尺 溫泉枝橋十里 葛項蛇川 龍門山 燒橋

〔倉庫〕邑倉 東倉古縣南倉 老倉五南里十

〔驛站〕維安驛里東 嘉禾南倉永寧遷老

〔土産〕鐵漆紫草銅口魚

〔祠院〕道東書院顯宗朝賜額 朱子 趙光祖 李滉 李珥

〔典故〕高麗高宗四十六年蒙兵自西京入青松

邑内場二七

〔土産〕鐵紫草海松子竹蛤石魚秀魚銀口魚石花蘇藿

康翎

〔沿革〕本高句麗付珍伊新羅景德王十六年改永康爲瀑池郡領縣高麗顯宗九年屬瓮津睿宗元年置監務本朝太宗十四年倂于長淵尋析爲縣今治屬鎭魚仕嘉末世宗十年以白翎來合爲鎭置鎭事後復罷爲監海州鎭管仁祖十五年草屬瓮津孝宗四年草屬瓮津尋復置

〔官員〕縣監魚鹽別將各一員海州鎭管兵馬同僉節制使兼魚鹽別將一員

〔坊面〕邑内三於十北古縣終初十五西面二西北終初二十東一十東初四二

〔疆域〕廣州所東十五里

〔山水〕鳳凰山東北二里富民山北二里安國寺鶴山北五里月眉山支羅山南十里坊乙山北二里橋串山南三里瓶牛嶺北二里瓦院山南八里蓬田石不尼浦西大

〔津渡〕青就浦女兒里豆毛浦十里連花池南里仇來浦南里汀白波

〔島嶼〕遮島茂島仇之島里浦南朝

〔城池〕九月山城海州鎭管兵馬同僉節制使兼魚鹽別將一員

〔鎭堡〕乾止山上峴

〔倉庫〕邑倉海倉西北二里

〔驛站〕文羅驛南五里

鼎嶺峙

〔城池〕九月山城東是本朝顯宗三年改築周四千尺有山壑兩信有山屹成形又城池東道城西兩有水一徐井一長池別將本一負

沿革康翎

甕津二

〔山水〕鳳凰山東北二里富民山北二里安國寺鶴山

〔津渡〕巡威島鞭遶島延革島

〔城池〕登山串鎭

〔鎭堡〕登山串鎭蔴草乙浦鎭軍[蔴草乙浦]追捕防

〔倉庫〕邑倉南倉十里屯倉聖嶝山九月里南五寄岾十里大山堅羅山

【牧場】椒島牧場　【壁淵】咸島場

【土産】礪石出椒島　鹽黃角青角細毛綠藻鰒鰕海蔘紅蛤螺

庵亭柿鹽魚物十餘種鹽

【樓亭】蓬海亭大南十五里西望椒島煤羅列

【典故】高麗禑辛三年倭寇永康閑在長十一年倭寇永康

世宗五年改搨僉節制使後復為縣令

縣高麗太祖二十三年改甕津顯宗九年置縣令二屬是縣

【沿革】本高句麗甕遷新羅景德王十六年為瀑池郡鎮

龍媒津

肅宗四十五

二十八

自己煤抛走
閑越乙黃島
六十里

【島】魚化島一云狀如義水路十五里昌麟
西北至所江二十里南至所江二里昌麟
島三里西至磨擦島西北十里磨擦島
西至麒麟島西北十里麒麟島
島三里至青島二里青島
西至蛤島二里蛤島
一里西至磨蛤島北水路一里至
水青島西南至所江
山木梅　中島東抓島中島
島小右南八抓島巨次島昇
宿供小府遠海或島
字牝小近島

【城池】邑城高麗八年所築周九千
所築城五里高八尺池長古邑城
八尺周四千九行城土築遺址有田

【鎮營】水營土肅宗四十午設十屬黃海道水軍節度使蕪氣府都

【館】黃海道水軍節度使蕪氣府都

二九

中軍卽水軍譯學訓導各一員屬安岳

【鎮堡】所江鎮康翎所江鎭次邑海州豊川長淵延安

鎮屬鎭鈴城堂山屬龍

本營及屬邑屬鎭各樣戰艦一

百八艘十津艦二艘

追捕防所武士厚防

軍府膽堂五處

【烽燧】炭項南十里　槐勾餘十三里西南二里

【倉庫】邑倉庫四　西倉十五里

大岾　閑龍山十里西六

【驛站】文羅驛里南四

洞吾里兄

(牧場)麒麟島場（麝昌麟島場）

(土産)蘆薕薑青角黃甬螺鰒紅蛤魚物十餘種鹽

(樓亭)蒼海樓君子樓披香亭嶼邑洗劍亭營行

(典故)高麗高宗四十四年歲夾優昌麟島甕津縣令李
喜拓擊却之　四十六年甕津縣令鄭崇降于蒙古
恭愍王八年倭焚甕津縣　辛禑三年倭寇甕津縣
十年倭寇慶邊是卽廉翅纑鹺魚島荻軍舣二艘倭又寇館
梁　十一年倭寇槐獜島海道萬戶鄭龍追擊之○本
朝　仁祖十四年十二月甕津縣監鄭轉赴元帥㽵自
軍于兔山縣戰亢

三十

黃州

(沿革)本高句麗于冬於忽一云于紅新羅景德王十六年改
取城郡領唐岳縣二云山隷薩州高麗太祖二十三年改黃
州戍宗二年置牧之一云十四年置天德郡節度使二十
之一慶隷關內道顯宗三年改安撫使九年後爲牧二
十一與元府宗二十二山屬西海道高宗四年降知郡事以
州信州土山隷東寧路總管府阿城岳江西龍
州兵元宗十年没于元隷東寧路總管府阿城岳不能復
岡忠烈王四年復還隷西北面置牧忠宣王二年
一興長令忠烈王四年復還隷西北面置牧忠宣王二年

一鎭長令忠烈王四年復置牧忠宣王二年

黃州

降知州事忱諾恭愍王五平復爲牧禑十四年還隷本
道　本朝世祖十二年置鎭管二邑純祖朝降黃岡
縣後復陞殖邑齊安宗所定靈城龍興大能館牧使朝題
矢馬僉節制使正兵使重牧使州題黃
一員宗三十年以兵使重牧使
方山戍子城別將一負宜祖二十四年又罷之
一員宗三十年部崎牧東初二十

(古邑)鐵和　本高麗時鐵島人出陸寓
監務本朝太祖五年復置　純祖朝降縣和縣置監務後革
之

(坊面)邑內一作鐵化西三十里高麗時賤島人出陸寓
　　　仁濟終東大初二十
　　　故天終東北初二十州南初十五終深源東南初三赤
　　　十五終三十十薪揚終東初二十部崎東初終
　　　終四十二高井終北四十二慕聖終三十二十五深源終二十三十

一

曲浦西

(形勝) 左聯疊嶂右挾大野北距澳水南限邑嶺土地膏

(嶼島) 鷦島之南朴排浦鐵島之西又有青龍浦石硐下流處葉島東南

一浦十里西田石硐西處兩水激盪波濤相盪衝入皆甚沽湯合朴排浦西南二里青龍浦石硐下流十里葉島東南

城嶺十里南四里鞍嶺在瑞興界葛嶺里東南興嶺東大通安邑通瑞興界口月唐江云在鳳山一名鳳川西至鐵南川二里鳳川南南流入急水門橫嶺里東南王臨浦里西南十里

鳳山路通瑞興嶺善峴頭通瑞興見東川西鳳山積嶺東界中和興縣川經州西二里至鳳川二名黑橋川南流下合瑞興源出七峯山西流出為王臨浦

(山水) 碧花山之東天眞山里東德山興安興縣東德月山里東龍伏山月下山里大德山頂西業月山西業

龍仙嶺十南仙嶺二方閒仙嶺道仙嶺南凰山十陵山右駒峴黃鳳山十東里二

高井山印也山上峯有鳳鳴山東二里陵山右大德山頂右

德山與山東興縣興鋳山大平峯有鈴

斗巖山十七峯山中東和府閒天眞山十五路右鈴小

所藥嶺安心嶺

五甫里十西北初三曲西五終三田
北初三終五十二
斗巖北初十曲西
木谷北初四十三
松林西北初十終北大野青

汰民物富繁為戰守之地西路之衝一遡城七曲城

(城池) 邑城周二千八百三十四尺花樓四井五坡池五墻自北初城門屈曲七路之衝

城南至葭縣五十里抱鞍縣陽道正方山城後屢仁里鳳凰閒德

城長與三十里月下山古城大

(營衙兵營) 星花陣二營兼

(舘) 黃海道兵馬節度使

中軍虞侯兵馬審藥各一員 ○管鳳山豐川安岳谷山平山五營正方大峴太

(鎭堡) 黑橋頭殿八十里天拄山上見宗三五里

(烽燧) 古海峙東西里五峯一名林驛南十長寧驛 新蘆驛州

(倉庫) 邑七邑倉營倉葉島浦

(驛站) 敬天驛里西五峯母林驛南十長寧驛 新蘆驛州

(驛院) 宮門站 卜站

(牧場) 青龍津通安支美津通龍岡閣馬尚津等小路西右

(庫慶) 龍驤場麗史鐵島場本朝屬于豐川成宗朝罷鳥

牧草川橋隱如黑橋二里南北大路右

（土產）礪石 出峽 真珠 土佳品 蠏 蜂蜜 地黃 梨 盧 葦 葦魚 秀魚
鮿魚 訥魚 錦鱗魚 鶯 鰕 銀口魚

（樓亭）清波亭 太虛樓 月波樓 竹樓 太古亭

（祠院）白鹿洞書院 宣祖代丁巳建 顯宗朝 子建賜額 朱子 金宏弼 李
珥 俱見 羽文廟

（典故）高麗穆宗十二年庚戌 抄取太后皇甫氏 于皇甫 于黃州 宗廟
器幣 毅宗二十二年壬午 王幸西京 駐蹕黃州閻仙驛 至 定宴樂 高宗三年
宮于碧波亭 又泛舟南溪游輝 至定宴樂 高宗三年
毋兵水渡大同江 居黃州 十八年蒙兵 至黃鳳州二
州守寧民入保鐵島 三軍屯閻仙驛蒙兵 八十不意

（沿革）本高句麗 多知忽 後改 大谷 新羅景德王十六年置
大谷城 十六年改 永豐郡 領縣二 新恩後改 〇 三國史
頭上 大籃 宣德王以 鎮漢州高麗太祖二十三年
阿食體倍爲 大谷 軍主 後稱 大谷城
改平州 成宗十四年置 防禦使 顯宗九年改 知郡事屬
二州 顯宗十三年 併于復 興郡忠烈王時 復置養護
二年 平州 元宗十三年 併于復 興郡忠烈王時 復置養護
三年 授隸京畿右道 本朝 太祖三年 還隸本道 哲宗二年 降縣十一年
復陞（屬）延德 東陽（館）都護府使 兼黃州鎮管兵馬同僉
守城 一員 平山

（坊面）邑内 初十 終五
金巖 南初十 終二十
文卯 西初十 終十三
積巖 西南初十 終二十五
道隆 西初二十 終三十四
新邑 南初十 終二十五
上古 南初二十 終四十
馬山 西初四十 南初四十
蘗山 南初一百 終二十
安城 北初十七 終三十
細谷 西北初四十 終七十
安城 西三十 終五十
仁義 北初四十 終六十
外邑

（山水）滅惡山 西二十雄大東有花川 文卯岳山 西南十五 祖靈川 鐵峯山 西
土山 西南有 師岳 鐵峯山 西
雲峯山 十四里六 紺岳山 三十里 有同師 金剛山 十六里西
峯山 十里 俱西 成佛山 十五里西 蚊母山 西南大

（城池）太白山城在東四十里新羅本朝…溫泉…

（溫泉）…忠烈王…

山川…慈秀山…溪頭山…嶺…武江…

（倉庫）金都倉…海倉…新邑倉…安城倉…

（驛站）金岩驛…寶山驛…安城驛…

公廨後營…

廳石驛溫泉驛官門站

（津渡）

（宮室）靈沼堂

（祠院）東陽書院

九峰書院…卜智謙…

（以上太師祠）

玄慶以上見
麻田

（典故）高句麗廣開土王四年與百濟戰放浿水諸之上
大敗之虜獲八千餘級　安藏王二年侵百濟至浿水
百濟王命將發騎一萬擊之○高麗毅宗二
十二年幸西京至平州　高宗崇壽院之慈寺西亭延小母于南
陵所沈遊賞　高宗十八年蒙兵突入平州城中發州
官屬其城盡燒人戶鷄犬一空　四十年蒙將也窟之
還也喬桐別抄於平州城外又入蒙古屯擊發甚衆
校尉張子邦持短兵平州敗之二十餘人　四十五年
蒙將余楚連屯兵于平州賓山驛　忠烈王十六年王

八

在平州自去年八月出次天神山　在江下構假屋以御
以横木皮盖屋　偏三年倭寇平州管蟄率詔元帥擊
走之○本朝　太宗十三年講武海州次平州　仁祖二
十五年後金兵到黃州遣使扣追至平山會大雨江漲
不得渡遣劉海等入江都議和

瑞興

（沿革）本高句麗弓火云忽　一云于冬於忽次改土谷城新羅景
德王十六年改五關郡領縣一軦漢州　高麗太祖二十
三年改洞州　成宗十四年置防禦使　顯宗三年屬平
州元宗時置瑞興縣令　恭讓王三年拔隸京畿右

道　本朝　太祖三年還于本道
世宗六年陞都護府者以入中朝官之鄉　太宗十五年陞郡
百年降縣府以遺大世賦俊顯宗十二年特命正
宗元年降縣十年復陞世祖朝割黃州領兵英宗三十八年復舊
所定瑞城玉谷（館）都護府使一別任守城將一

一員

（坊面）東部終三　梅香東四九井北大栗里北四刀衣坪
...

九

（山水）大尼山北主白鵲山東二黃龍山里平山界雲孚
山○石門寺里熊坡山東岳界小非山金置山北
里高德山北二十五德山東北二將足山西南三五峯
山東五十里新五華山北主十里○真手里住
山邊逶女界羅帳山○縣真手里住
興山○西北五九井山世五屏巖東十總嶺上車嶺南東
二十里大路　餘界嶺西北四里屏巖之東
平山大路　慈悲嶺為界處有
慈悲嶺本朝己東石慶黃城峴主里右定牛
山邊逶女界鎮里東北五界界東峴東北三定牛
勒諭嶺嶺路己木峙頭北陵峴十里大瑞興峴七

〔鎭堡〕善積鎭

〔城池〕大峴山城

〔烽燧〕

〔倉庫〕邑倉

〔驛站〕龍泉驛 新興驛

〔橋梁〕南川橋 興水院川橋

〔土産〕鐵 石茸

〔樓亭〕瀧山亭

〔壇壝〕釜洞壇

〔祠院〕花谷書院

〔興故〕高句麗安臧王

〔沿革〕本高句麗

北道 終北初十 花村 西北

〔山水〕彌勒山北二 神留山東二 峽峴山東文 南山南二 赤谷所西南三十

達寶山東三 甘萑山北二 雲連山十東二 伏龍山東三 白雲山

... （本文판독 불가한 세주 다수）

嶺安西景大路遂月峴嶺北三十里 馬踰嶺土北四十里 歇項嶺北八乙里

〔中路〕檢巖嶺邑北

（左側 페이지 상단）

成宗十四年置防禦使顯宗九年改知郡事屬
恭讓三年移隸京畿右道 本朝 太祖二年以
中宮康氏外鄉之鄉陞谷州府三年還隸本道 太宗
二年降知谷州事十三年改谷山郡 顯宗十五年 神
德三年復位後陞都護府 正宗六年降縣十五年後
陸 純祖朝降縣後陞(燧邑)豪山府高麗成谷城(竜館)都護府
使 黄州鎮管兵馬同一員

〔坊面〕邑內...東村...西村...
圓乙彌...伊令...

（하단 우측 페이지）

〔城池〕遂山古城
〔頭堡〕文城鎮
〔倉庫〕邑倉 北倉 金剛刀三彌倉
〔驛站〕所車驛
〔土產〕海松子 五味子 紫草 蜂蜜 蓴 石蕈 黃楊 弓幹
 蒙䱩魚

〔典故〕高麗明宗八年西賊趙位寵餘黨故脩谷州遂安
高宗五年西海道防守軍與丹兵金山戰于谷州斬三
百餘級四十五年達甫城民執防護別監鄭琪等投
蒙古 恭愍王七年命柳仁等相都于谷州遂安

鳳山

〔山水〕白雲山東一碌抖山

本城崎嶺障遺退安無路...

〔沿革〕本高句麗租波衣後改鵂岩新羅景德十六年

改穆岩郡領縣鐵波漢州高麗太祖二十三年改鳳州成

宗十四年置防禦使顯宗三年屬黃州後元宗四年置

防禦使尋改知鳳陽郡事後復稱鳳

忠烈王三十一年置防禦使

本朝太宗十三年改鳳山郡中宗十八年始

治于白雲山下

〔坊面〕土城

〔城池〕鵂巖城

〔營衛〕前營

〔鎭堡〕東里鎭

24

（烽燧）中之山　在東二十里

（倉庫）邑倉　東倉在東十里南倉在南十里招里庸倉

（驛站）釰水驛在東三十里　世祖朝洞仙驛路慶復設（廢驛）陶工驛　所串驛（照騎）山水院站　官門站　洞仙站

（津渡）黃柵串在左唐城西南　大川橋在東四十里通忠烈祠前西南三十五里自

（土產）房石川出臺鐵蘆荻梨地黃秀魚鄉魚訥魚錦鱗魚銀口魚鱉

（壇壝）神龍潭壇在南十五里高麗降香祝致祭本朝今本邑春秋致祭

（祠院）文井書院宣宗朝建李珥　金長生見文廟金集

見太姜碩期字復而謚月壙抄川人官右議政謚文貞
廟

（興故）高麗高宗四年丹兵入寇金仲龜戰于鬧工驛敗
績　元宗十二年蒙古兵必哥至西海道
銀波莊三進江卲武寧為屬縣元宗上書中書省曰銀
波莊三進江本西海道今西京人託言二莊兩慶人民
然本非西京屬地一依帝命屬之下圉恭愍王九年
紅巾賊船泊豐州等處入鳳州燒城門二十年倭寇
鳳州　禑三年倭寇鳳州元帥梁伯益等都巡問使沈
德符擊之敗績

安岳

（沿革）本高句麗阿斯達新羅景德王十六年改楊岳郡
領縣三栗口青松屈峴
縣陵州高麗太祖二十三年改安岳顯宗
九年屬豐州唐宗元年置監務元宗十年移于元為黃
州領縣忠烈王四年復還十四年還本道為復忠穆王四
年陞知郡事于楊山之南高二十里
中宗朝移治于楊山之北宣祖二十二年
降縣寶近賊起邑遂四十一年復陞（廢縣）楊山（管）郡守
為同上置郡判

（方面）順豐東初十五　大元東北初十五　寺串北初十五
申終北三十五　大元東北初三十　道阿北終大十安谷東初十杏村北終

（寺刹）大元

（山水）楊山北三里九月山北三里青坡北初十五長嶺西南初十五古巖山東初二里普光山北二里蓬德山北二里月嶽山東二五龍山東北五　馬

（山水）大德山北初二十閒一終北初屹嶼山西初十青苔嵐西東初十紅土終北初二　細洞終初十扱揚終初二十五艽

里碑鶴峴東初十青苔嵐東北初四里桃串里終高揚同東南佛峴西初十五景連路通景同路大燃嶺西北初

連梨峴西四十里渼浦海東為黃州鳳山下仁祖朝以後

德符擊之敗績

〔營衙〕中營 屬邑安岳松禾長連殷栗載寧〇中營將本郡守兼 鳳

〔城池〕楊山古城 周一千六百七十六尺井一

〔泉井〕

〔烽燧〕甘積山 北四十 梨峴山 見上所山輔之

〔倉庫〕邑倉 東倉 東十里 北倉 北六十里

〔驛站〕真木驛 東七里

〔津渡〕迎津 東三十二里之 艾津 東北二十里

〔土産〕鐵 海松子 梨 蘆荻 蓮 蜂蜜 鰕 白蝦 蟹 秀魚 白魚 鯽魚 鹽

〔魚箭〕

〔壇壝〕桃串壇 高麗稱桃串事

〔典故〕高麗明宗二十七年崔忠獻廢王放王孫腆于安

岳縣 還郡 毅宗元年〇毅宗

恭愍王九年紅巾賊船百餘艘入安岳郡元宣甫奪宗焚燒我軍與戰數日死者三十餘

人賊又侵黄州罷邑 屬三年復置安岳

〔建置沿革〕本高句麗忽忽一云 後改楊城忽一云新羅景德王十六年改重盤郡屬 末未詳 高麗太祖二十三年改安州成宗十四年置防禦使顯宗九年廢屬安西府顯宗元年置監務高宗四年陞戰寧縣令恭愍王三年陞知郡事隸京畿右道 本朝 太祖三年還于本道太宗十五年陞陸郡 中宗十四年降置于劍山

〔官員〕郡守 制使長壽山城將兼節 黄州鎮管安岳同僉節

一員

〔防面〕左三支 置縣監務 右 本為豐州屬內高麗成宗十四年屬

〔古邑〕三支 東初十五 左栗 北初十 上栗 北初三 下栗 東初二

〔龍□〕安陵 本朝定

〔山水〕劍山 北一 長壽山 南四十 曲林山 東十里所山

26

十里南枝山土南七里丁天磨山俚南四十野鐵嶺山

得山南七里南勾坪鸎寺坪左右二郡

【城池】長壽山城古邑鎭南四十里新羅景德王二十一年築內城周四千

頭嶺鐵嶺鍊軍入于本營鎭軍二百五十名

【倉庫】邑倉外倉周里建

【驛站】靑三支驛金剛驛西北十八里迎津通安岳建路唐廡津十東

【津渡】栗串津通道東北鳳山捷路迎津通安岳建路唐廡津水王里通長瑞交興設大梁橋石灘俺船橋

箭灘

真川入院

<hr/>

【土產】鐵拓草紫草立味子蘆荻銀口魚鄕魚芳魚蟹

【祠院】龍賢書院孝宗乙未建肅宗乙亥賜額朱子李珥文廟並見

【典故】高麗高宗四年丹兵屯于安州五軍元帥進擊之行至太祖灘特分奇兵石灘太祖院爲母矢所傅五軍皆潰死亡不可勝紀賊追至宣義門莫貴福而退二十二年蒙兵先鋒至載寧恭愍九年紅巾賊侵載寧

倍寇載寧金公世等三人斬新四級

【沿革】本高句麗古所於改後改猪塞新羅景德王三十六年改猪骨郡領縣高麗太祖二十三年改遂安顯

遂安郡孝宗四年降縣令辟西海道宣王二年復知遂安郡事

本朝太祖三年還于本道太宗十三年例改郡守一員

復陞郡恭讓王三年復隸京畿

【方面】東部十五里西部十五里大浦西十五里南部

宗九年置縣令辟西海道宣王二年知遂州郡事

右道

【山水】遼東山東北里阿達山十北里大靑山大千面熊山

南陽山 掛頂山

南五里 彦真山 東北四十五里佛覺寺新羅庵 ○加納山 西南三十里 明月山 西十里一云明乙嶺 天子山 西北十里 造山 西南二十里 五峯山 南四十里新溪界 院吾山 西南十里 大加嶺山 南十里 大角田山 南五十五里 大野山 南五十里 釼峯山 大野西支 紫徽山 西二十五里 冷井山 西四十里瑞興界 高嶺山 西北十里 大江津山 北九十里能成江環其北 七峯山 北七十里河連北支 峯山 東二十五里 須彌山 東四十里 長財德 北二十里

(嶺路) 蔓嶺 在長財德之東 納老里嶺 北路 泥嶺 北路 明月嶺 北十里 防垣嶺 北二十里在之漫自三堂諸路西來會于防垣之衝 馬踰嶺 西二十五里通黃州 陽波嶺 西南三十里上中下三穴有 西大嶺 城峴 道汙嶺 飛勒嶺 悌只嶺 右七處並在即西一幹大嶺也為黃州中和祥原衆路之衝 新破峴 西十五里 豆尾嶺 西北二十里通祥原 東大

件德嶺

堤堰一

嶺 東通谷山 石峴 東二十里 梓峴 東三十里 巨吾里嶺 東四十里 民乙嶺 東四十五里右四處谷山路 陸嶺 西北七十里通祥原北界間路 院吾峴 西南五十里通瑞興 ○能成江 北九十里三登界 泉谷川 東三十里出彦真山左過邑攜川合為石灘西南流右過大橋灘為黑石灘右過造山川南流為春灘即禮成江上流 黑石灘 東南二十四里 春灘 南三十五里見新溪 大橋灘 南十里出邱北南間南流入黑石灘 造山川 西南二十里出天子山又陽波諸嶺會而東南流經位羅鎮叔續院入于春灘 細間川 南六十里出瑞興熊坡山東流入新溪汝灘 匿橋川 東四十里出件德洞大二嶺南流至葱嶺谷山大灘阪之水自南來會西流合于泉谷川 龍潭 南一里有岩如口噴出清泉飛澗水昇無間溢產石高起可坐十人 防垣川 北三十里原出天子山及蔓嶺會而出防垣之沱北流經古城山右過彦真山之水經馬之岩會阿遷七峯高嶺諸山之水由道間大浦經新倉入于能成江

(城池) 古城 北四十里新羅景德王二十一年築自三登沿大川直抵防垣之衝今補古城山周五千八百三十七尺 城峴行城 即浿江長城有遺址

(鎮堡) 文山鎮 北二十里防垣嶺底宗朝設防垣鎮修築浿江古行城段間長大百二十尺城之左右高山對起 仁祖二年李達安到此不敢犯 肅宗六年以文山聽明二所屯將陞萬戶據殺千比○防守防垣嶺明月嶺蔓嶺泥嶺納老里嶺○兵馬萬戶一負 位羅鎮 西南二十五里陽坡嶺內 肅宗六年以屯將陞萬戶○防守道汙嶺飛勒嶺西大嶺城峴陽波嶺馬踰嶺悌只嶺○兵馬萬戶一負 (廢革) 防垣鎮 北十五里本朝設以遂安新溪瑞興牛峰四邑軍捲屬防守 中宗五年移于江陰樂之脫彌谷仍廢 蔥嶺鎮 東三十五里本聽明屯 肅宗六年以屯將陞萬戶防守件德嶺民乙嶺東大嶺等合于文山鎮

(倉庫) 邑倉 社倉 西北二十五里大千坊 新倉 北七十里 東倉 東南二十五里

邑西天 位羅之 文山亭 所山之

風和樓

(驛站) 位羅驛 南十五里 (廢革) 射岩驛 北十五里 ○板積院 西南二十五里乃中和黃州祥原衆路之會處從西大嶺馬踰嶺陽波嶺之間且近瑞興之東峴件德峙路口稍闊無當路榛棡之嶺 星橋院 東四十里谷山路

(土産) 鐵 古出銀銅 梨 五味子 紫草 蜂蜜 松蕈 石蕈 弓榦 栗 訥魚 銀口魚 山獺

(祠院) 龍溪書院 顯宗壬寅建肅宗戊子賜額 管寧 字幼安漢北海人獻帝時客于遼東 李連松 遂安人高麗平章事遂安君謚忠肅王入元仰藥死 姜栢年 字叔久號雪峰晉州人官判中樞贈領議政謚文貞

(典故) 高麗顯宗十年以遂安象山使儀新恩等縣民困於丹兵官給資糧 明宗八年西賊趙位寵見平壤陷遂安

高宗三十二年蒙兵四百人入北塞諸城至于遂安縣
托言捕㺚凡山川隱僻無不覘知至是百姓避遷者並
被驅掠鮮有脫者四十五年蒙兵候騎一千入遂安
界遣夜別抄擊之

信川

〔沿革〕本高句麗升山新羅景德王十六年爲重盤郡領
縣高麗太祖二十三年改信州成宗十四年置防禦使
顯宗三年廢屬黄州後置監務本朝太宗十三年
改信川縣陞郡守以入中朝崔瑩信安
高麗成宗信安

〔館〕郡守以黄州鎮兵一員

〔坊面〕東部終西部十終馬山
羅南終南十五加介終南三十
縣北初十終東北二十之漁盧洞終北四十
加吾串終北二中嶺終南十於森洞終內三十
加吾串終北二中嶺終南十有龍升山里上天奉山里
（山水）花山北初二
陵南終十南陵洞終南二
羅南終北四十五加介終南三蓮寺洞終東初二十
西北五里文化○樓橋川南田桃木燒福嶺下
陵洞山立里中鎭山北上一兩靈山牛山東北
五里窟山北七一路

〔嶺〕火燃嶺
塞墙峴

佛宕坊
飄山
堤堰二洞次之

浦

浦東北十里山之下溫泉里東漁盧坪十東北三
甑樓橋坪貞慶里東文化合川又漁盧坪十東北三
橋坪灣蘆荻蒲野土右智障湘葉遷粘梧無
（城池）邑城古土城在信州
（倉庫）邑倉 南倉十南里
（驛站）元山驛十里東五
（土產）鐵鑪荻鯽魚蟹
（祠院）正源書院宣祖代子驪額朱子 趙光祖 李滉
李珥 文廟
（古蹟）高麗高宗二十三年蒙兵先鋒至信州
五年倭寇信州

莊內天免天

新溪

〔沿革〕本百濟汝尒阿萅主時爲高句麗所取新羅景
德王十六年改新恩爲永豐郡領縣高麗顯宗九年屬
谷州高宗四十六年陞知覃州事新恩縣屬谷州恭讓王三年新恩
本朝太祖三年還錄本道五年始置監務以俠溪來
併本朝太宗十三年改縣令世宗二十七年改新溪二邑

〔邑號〕新城

〔古邑〕俠溪本高麗
太祖二十三年改俠溪顯宗九年屬谷州新溪古址十東南里
本朝太祖朝來屬新恩

〔坊面〕中部 邑内 東里 初十終十五 孫島 東初四十終五十 菜村 初十終四
十 芝破谷 南初五終伊谷 赤岩 北初五終二
十 余背耳 終南初十三 水曲 東初四十終二
南初二十三 水曲 南初三十 麻知谷 西初四十
終初十三 多院 初十東南十
悟道山 瑞興界

〔山水〕九峯山 北二十里 巨岳 磅礴 本興
太一 有東五里 十里巨山 山南磅礴 嶺池 南接長
湍 權仲和等 作岳宮 關于箕連山 以蘇存德
之馬仲和等 大嶺 連山 以蘇存德
天磨山 華嶽山 西四十里 三角山 東三十里
里五峯山 十里 坡州界 甘丁山 二十里
華嶽山 東南三十里 安巖 甘丁山 山北
鶴峯山 金東南四十里 盤龍山 本興
鵲鶯峯 峯鶴鶯峯
新溪

〔土産〕鐵 紫草 五味子 柘 蜂蜜 勒魚
〔樓亭〕秀林亭 水路 一里南臨流 詠閒樓 清心亭 在縣
〔典故〕百濟近肖古王三十年 高句麗陷北鄙水谷城
阿莘王三年王辛 拔騎五千 侵高句麗於水谷城
下 敗之 高句麗藥團南七城 以備百濟之寇 武寧王
三年侵高句麗水谷城 高麗顕宗十年 契丹蕭遜寧
至新恩縣 去京城百里 高麗遣兵一百乘夜掩捿
潛遣使騎三百餘 至金郊驛 高麗遣兵以四軍
之 高宗四十一年 蒙方騎兵三十來屯冠山驛 又至
州廣 榍州四年 遣權仲和 相宅于使 翰讓 以俳在山谷

〔文化〕本高句麗 弓忽乃一云 新羅景徳王十六年 改闕口
為重盤郡領縣 高麗太祖二十三年 改儒州 顕宗九年
屬豐州 皆宗元年 貴監務 高宗四十六年 陞文化縣令
以嬬社四臣 以嶺之郡 本朝因之 中宗十五年 移治于乾止
山之南十三里 古治在北 當宁二年 陞淖縣監 十一年 復陞

游騎軍潰 信俊力戰死之
縣令慶信俊 新恩縣令李以省 兵三千 屯新恩遇虜
海兵使李福 與黃州判官李翱鳳山郡守羅德憲文化
清舶不通 謀逐遯 本朝 仁祖五年後 金兵辟至董
為

〔驛站〕所坪驛 縣南之 管山驛 東柱谷驛東
起 經使 西縣南二十二里 上有 南川橋 一 島巢川橋里十
興與通薪坡峴 東通伊川界 泰灘
里之北 為一里 桐梁川 渡巖 之下有 溪岸
西流 經鵲瀉灘 入羅鴉瀦里 太一
黑灘 四里 黑瀦下流 〇 羅鴉瀦 春瀦
業 南三十里 下流 改八灘 鳥巢川業
南初 渡灘 島巢
〔嶺〕島巢嶺業 十五里 大路通高峴 五里瑞
與岩界 興通薪坡峴 東通伊川界泰灘
有雪月岩 木菴 南之

〔橋梁〕方阿橋 興二八里 並大路端
決羅瀦橋 興八里 並大路端

〔邑名〕始寧 高麗定成 文城〔官〕縣令 萬暦丁亥於黃州鎭管兵馬節制都尉一員

〔坊面〕邑內 終初十里 西初二十終四十三 草山 終南初十五 興往 終西初四十三

〔山水〕乾止山 北四十里 九月山之正幹 東二草山 南文化之界 雲溪山 南十五里 廣大山 南二十七里 錢山 北十里

龍山 二里 乞山 北十二里 竹峯 北十里 宋土峯 高麗恭愍王陸廣峯 世安廣峯 九莊坪 莊坪 南川 九月山 鹽軍輸嶺 地境川 東南流 雲溪川 東流 為東鳴川 為烏川 流西三十里 松林 海龍門

〔倉庫〕邑倉 右倉 北二十里西倉 西二十里

〔驛站〕迤陽驛 北之里

〔土産〕海松子 松茸

〔廟殿〕三聖廟 九月山高麗史桓因桓雄檀君 鳳岡書院 程溪書院

〔祠院〕鳳岡書院 顯宗癸卯建 肅宗乙卯賜額 朱子 趙光祖 李珥

〔典故〕高麗 顯宗三年倭寇文化元帥趙仁壁羅世沈德符 本朝明宗十七年海西賊林居正嘯聚黨與出沒諸邑鈔掠無敎邑里驍悍朝廷遺宣傳官鳳山郡守李昍率五百軍跟捕賊入藏九月山 奧官軍扣抗賊將延千齡 得已還歸是賊益無忌悍賊燒民居載賊句兩西數百里行旅不通以南平山府賊領衆入九月山分據險阻致勤盜真軍為陣于山下使賊不得下山而困之賊許齡

左蹟改政員 仕于蹟文員

兔山

〔沿革〕本百濟烏斯含達縣一云阿莫新羅景德王十六年改兔山郡領縣三安峽麗顯宗九年屬長湍直隸尚書都省文宗十六年移隸開城府睿宗元年置監務恭讓王三年改縣監本朝太宗十三年改縣監道選隸道〔城池〕月城（舊官）鎮管兵

〔坊面〕多峙未詳宿仁南初十石積西初十泉洞北初十村末原同終六十五柳村終三十

兔山

外縣西終二十五

〔山水〕桧耳山北二花山二東南觀門山南七豆毛山南五新浮鴨山東十里碇山西南二鶴峯山新溪○嶺鎮東十五石頭峙十里石頭有寺峴十里汶峴五里高峴西北四十里汶峴十北安峽○飛來川西北三上流金川○龍峴之觀水門山龍洞之觀水門山

〔倉廬〕邑倉
西倉生鮮峴下四十里

長連

〔浑溪〕東浑道沔寧東二里

〔土產〕紫草桧草滾蜂蜜辛甘菜

〔典故〕本朝太祖十四年清兵急至賣海監司李培元兵使李碩達率矢至千及御營砲手數千勒王到兔山縣清兵六千餘至海西兵盡爲敗卻都元帥金自點率陝城康翎縣監鄭穫俱死之

長連

〔沿革〕高麗置長命頭爲黃州所領元宗十年沒于元恕烈王四年復還授隸西北面恭讓王二年以安岳郡之

長淵一統川兒

〔沿革〕連豐莊來併置監務辦十四年還隸本道本朝太祖五年革長命頭仍屬于連豐縣監以長命頭爲治所治西四十五里縣監管兵馬節制都尉一員

〔坊面〕縣內西初十二道里土終三十

〔山水〕鳳凰山北三里十二月山南二九月山東南十二金山東北十里和草峴西南

長湮一

窒島 北十 掫島 西北三 簑島 西北四 里

〔鎮堡〕大津閬 北十五里 中宗十八年設置以本道
水軍僉使為僉節制使 〇碇串瞭望 有將
者 〇碇串瞭望 卒

〔烽燧〕今卜只 北十里

〔倉庫〕邑倉 西三十里海邊 所倉

〔驛站〕朴山驛 里東一

〔津渡〕大津 北十七里 通道三和

〔土産〕鐵 塩 鰒 海松子 紫草 松蕈 鰒蛤 魚物十種

〔壇壝〕阿斯津拓串壇 高麗以大川戴小 祀本朝因之

〔祠院〕鳳陽書院 丙子賜額 建 朴世采 見文

疆域

	東	東南	南	西南	西	西北	北	東北
海州								
延安								
豐川								
白川								
金川								
長淵								
松禾								
般栗								

康翎 海三十
載寧
黃州
平山
瑞興
鳳山
安岳
谷山
遂安

田民

	田	畓	民戶	人口	軍保
信川					
新溪					
文化					
兔山					
長連					
海州					
延安					
豐川					

[上段 右面]

瑞興 五千二百二十八

平山 七千三百六十一

黃州 一萬四千二百四十一

甕津 三千二百九十九

康翎 三千七百七十三

殷栗 二千三百七十九

松禾 二千六百九十八

長淵 三千五百四十六

金川 三千五百二十五

白川 千四百二十八

[上段 左面]

長連 千二百五十二

兎山 千六百八十一

文化 二千九百四十一

信川 四千三百十三

遂安 四千九百四十四

安岳 五千九百二十八

載寧 六千四百十二

鳳山 五千五百六十八

谷山 三千八百十五

[下段 右面]

白翎 四十二　十八

椒島

驛站

金郊道　金岩　寶山　安城　興義　聳龍　金巖　靑丹
　　　　　　　　　洞仙　鳳山　敬天　黃州　麒麟　新安
　　　　　　　　　安城　興義　聳龍　泉水　新興
　　　　　　　　　元山　延陽　夏木　文羅　安城
　　　　　　　　　蔡霖　靑丹　新行　金
　　　　　　　　　洞長　金谷　維安　文羅　洞安

大名三等馬 二百二十五匹

烽燧

[下段 左面]

古城山　金川南準開城松南山
回山　所丁山興巾之山鳳皂時
窺峯山　右九〇彌羅山湖崖崇堂〇
白石山　肖月山定山陸之串
龍磧島　水鴨島延平島海九月里
項撐勿餘　大岾開龍山鎭大串靑石山殯
羅山　無串長古里串所山慄乾止山被今卜梨峴
卜山　連業水營所管
上里見　食大山　朝汝串　花山　南山海盜監營

十六處元增三十七
處廢後十處

揔數

坊面三百十二　民戸十二萬四千一百　人口五十

三萬三千一百　田十萬四千五百四十四結　畓二萬

七千七百八十一結　軍保十六萬六千九百十

場市八十一　驛院十三　津度十八　牧場五廢場

堤堰四十六　垌洑七十四　松封山二　壇壝四

海州連開長淵賜額廟二書院十八　祠四　倉庫一百二十

五邑蕶鎮　追捕防所十四　瞭望七十六

大東地志卷十八

後數

三十七

원문